莉莉安・史拜比 著

新雅文化事業有限公司
www.sunya.com.hk

目錄

你做得到！拍出非凡的照片 4
關於相機 6
用手機拍照 8
對焦功能 10
運用光線 12
拍出你的個性 14
繽紛的色彩 16
精彩的動作 18
低角度拍攝 20
井字構圖法 22
尋找線條 24
微距怎樣拍 26
小昆蟲怎樣拍 28
有趣的影子 30
多變的圖案 32
框內有框 34
拍攝家居 36
拍出質感 38
黑白與懷舊感 40
用照片說故事 42
拍攝肖像 44

捉迷藏遊戲 46
春夏秋冬 48
自拍樂趣多 50
樹木的變化 52
拍出五感 54
拍出英文字母 56
拍出生命力 58

處處是圖形 60
以光作畫 62
美妙的倒影 64
運用閃光燈 66
替玩具拍照 68
模糊的效果 70
充滿動感的水 72
風景寫真 74
寵物真可愛 76
一分為三的照片 78
有趣的臉孔 80
捕捉日落 82
終極挑戰 84
整理照片 86
修改照片 88
打印照片 90
動手創作 92
分享照片 94

你做得到！拍出非凡的照片

拍出令人驚歎的照片，是一件樂趣無窮的事！這本書將會給你滿滿的靈感，讓你運用洞察力和審美眼光，拍出各種各樣的出色照片！

快來拿起你的相機（或照相手機），看看四周，捕捉精彩的一刻！這本書設計了很多攝影活動，有室內的，也有室外的，有些可以在家裏進行，有些則需要你用雙腳去尋覓！因為，靈感處處，你可能找到意想不到的好題材呢！

你可以拍下朋友在運動會大展身手的照片；你可以拍下從螞蟻視角來觀察世界的照片，又或是拍下關於影子的創意照片。無論是怎樣的照片，每個人也可以找到不同的拍攝角度。

這本書會給你豐富的拍照點子。你可以計劃一下怎樣用照片來說故事，以及用照片來構思一個尋寶遊戲。不要等，現在就繼續閱讀這本書，然後拍出非凡的照片吧！

這本書的活動都經過實驗考證，照片也是由跟你同齡的孩子拍出來的！

開始拍照之前，你得記住幾件事。首先，拿相機的方法有兩種：

風景模式

把相機橫過來拿着，進入風景模式拍攝。這個方法很適合用來拍攝壯闊景色和風景。

肖像模式

把相機豎起來拿着，進入肖像模式拍攝。這個方法較容易拍攝高大的主體，像是樹木和人。

拍照時，要嘗試拿穩相機或照相手機，這樣有助你拍出清晰銳利的照片。

這本書裏的每個活動也會幫助你學習怎樣拍出好照片。讀完這本書，你就可以跟家人和朋友分享你拍下來的一系列非凡的照片了！

現在就翻到下一頁，開始拍下你的出色作品吧！

關於相機

相機是一種非常出色的科技產品！它們的鏡頭有大有小，有些機身顏色鮮豔，有些相機會在拍照時發出很大的聲音，「咔嚓」！

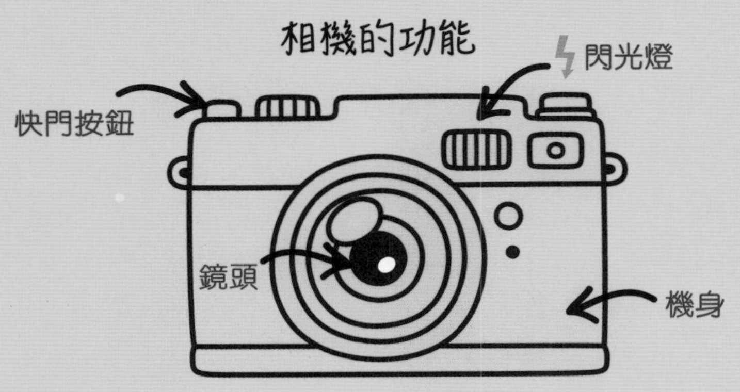

鏡頭負責控制：
- 對焦（照片的清晰度）
- 變焦（鏡頭靠近或遠離主體）
- 光圈（使背景變得模糊或清晰）

相機機身附有：
- 快門（快門的速度可以決定影像是清晰還是模糊）
- 感測器（記錄影像）

秘訣！

快門按鈕按下一半時，就會出現對焦點或亮起對焦方框，這樣，你就知道拍攝主體已對焦好了！

你可以在屏幕或觀景器看到拍攝的主體。按下快門按鈕，你就可以拍照片。

在相機的拍攝設定或模式撥盤中找出以下的拍攝模式：

近拍 風景 運動 肖像

在進行本書活動時，這些設定模式會大派用場。

請在下面空白的位置畫下你的相機，然後標示出：

機身 閃光燈 鏡頭 快門按鈕

用手機拍照

照相手機能拍出好照片，而且它的體積也很小巧。

對焦：點擊一下屏幕，拍攝主體的表面就會出現一個方框。你有沒有發現，拍攝主體現在成了影像中最銳利的部分？

計時器：在你想自拍或是不想拿着手機來拍自己的時候，計時器就是個好幫手。如果你開了計時器，接下來就需要按一下快門按鈕，開始計時。你會有10秒（或是你所指定的時間）來做準備。試試吧！

快門按鈕：當你按下去，快門就會打開和合上，讓光線進入。按一下快門按鈕，就可以拍攝。

閃光燈：拍照時，如果光線不足，你就需要找找閃光燈的圖示，然後按一下開啟它。

變焦：如果你想靠近拍攝主體，就要把拇指和食指放在屏幕，然後同時往外推出去。這樣，你就能把圖像放大了！

你可以在手機內置的相機模式中，找找上述的設定，然後親自試用一下啊！

秘訣！

當你按着快門按鈕的時間越長，就會拍下越多照片，那就是連拍。

來試試回答以下有關用手機拍照的問題。

1 你什麼時候需要使用閃光燈？

2 如果你長按快門按鈕5秒，會發生什麼事情？

3 當你啟動了計時器，手機要過幾秒才會拍下照片？

4 在手機前面放一件玩具，然後按一按屏幕上玩具的後方或背景位置，把對焦方框按出來，畫面會變成怎麼樣？

5 找一些體積很小的東西來拍攝。你要在屏幕上怎樣做，才能放大這些東西？

對焦功能

當你找到了很想拍下的影像，一定不想照片拍得模糊不清吧。使用對焦功能是非常重要的，這樣有助你拍出清晰的照片。

什麼是模糊？什麼是清晰？

下面哪些照片沒有對焦好，拍得模糊不清？哪些是對焦準確，拍得清晰的呢？在照片旁邊寫上「清晰」或「模糊」。如果你發現照片中有哪些部分拍得尤其清晰的話，就在該部分畫一個綠色方框，把它標示出來。

1

蘇菲 攝

蒂莉 攝

2

潔邁瑪 攝

3

答案：1.模糊、2.清晰、3.清晰

怎樣對焦

使用相機：有些相機的觀景器或屏幕會顯示紅黑對焦點，有些則會顯示綠色的對焦方框。

1 看着觀景器或屏幕，然後把快門按鈕按下一半。

2 你應該會見到綠色方框或紅黑對焦點出現。把它對準拍攝主體，然後拍照。

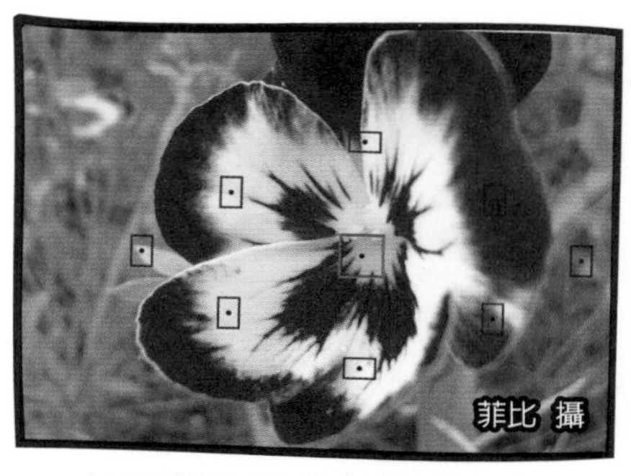
菲比 攝

紅黑對焦點就在花朵中央

使用手機：記得要在屏幕上把對焦方框按出來，並置於照片中最重要的部分上。這樣做的話，那個部分就會成為照片中拍得最清晰、焦點最準確之處。

艾瑪 攝

見到綠色方框嗎？

看看這些鴿子和英國國會大樓的照片。你看到拍攝者嘗試改變了對焦的位置，使照片變得不一樣嗎？

艾莉 攝

運用光線

光線無處不在。你注意到光線的顏色會隨着季節改變嗎？陰天的日子裏，光線會怎樣變得灰沉？日落時分，光線會變得柔和溫暖，而在晴朗的日子，光線則是猛烈明亮的。

想一想，如何捕捉光線，讓它投射於照片的適當位置，才能讓照片更突出！你需要背着太陽，使太陽彷彿變成了聚光燈，或是讓太陽的強光從側面射向拍攝主體，以添加陰影和質感？

路易斯 攝

在這張照片裏，太陽的光線為葉子頂部增添了亮光與色彩。

這張照片拍下了被陽光照射的地板，光線從窗子透進來射在地板上，成了一束像聚光燈的畫面！

美美 攝

拍攝時，使用光線同時又發揮創意的方法有很多。快速轉動的摩天輪、蠟燭和彩色小燈發出的光線也是很好的拍攝主題。

以下照片用了哪種光線？

（提示：蠟燭、電筒、陽光、燈泡、裝飾小燈……）

威廉 攝

1 ____________________

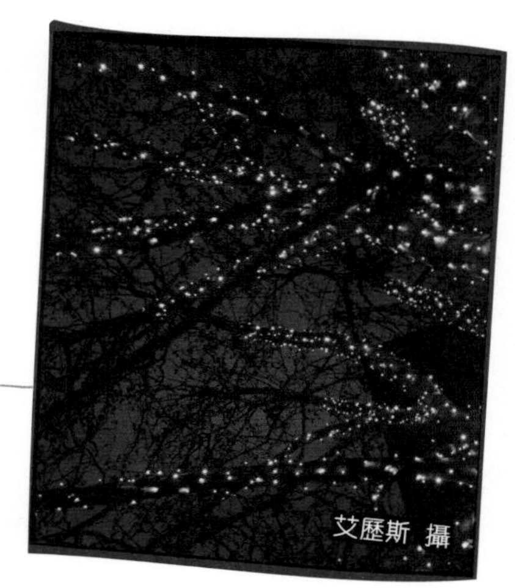
艾歷斯 攝

2 ____________________

貝拉 攝

3 ____________________

答案：1.蠟燭、2.裝飾小燈、3.陽光

拍出你的個性

照片是個很好的途徑，讓朋友和家人多了解你的性格、想法和喜好。你可以拍下心愛的衣服、有趣的自拍，甚至是你的房間。

開始時，請想想你自己是個怎樣的人。你最喜歡哪些東西？

- 你喜歡外出散步嗎？喜歡的話，就給你的鞋子拍照吧！
- 你喜歡做運動嗎？拍下你的運動裝備。
- 你喜歡跟朋友出去玩嗎？為你的朋友照相吧！

艾米斯 攝

拍攝者如何放置他的鮮紅色鞋子，好讓自己能在同一張照片中拍出這雙鞋子呢？

拍攝者很喜歡天空，他在一個水坑發現了美麗的天空倒影，然後就把它拍下來了。下次你想給天空拍照時，就留意一下水坑吧！

米莉 攝

艾薩克 攝

拍攝者在一扇掛着藍色窗簾的窗中看到自己的反映，然後拍下一張很酷的自拍照。你能夠在家裏的窗或鏡子找到自己的反映嗎？

寫出10個你認為自己最出色的特徵，然後開始拍下能夠代表這些特徵的照片！

1 ________________

2 ________________

3 ________________

4 ________________

5 ________________

6 ________________

7 ________________

8 ________________

9 ________________

10 ________________

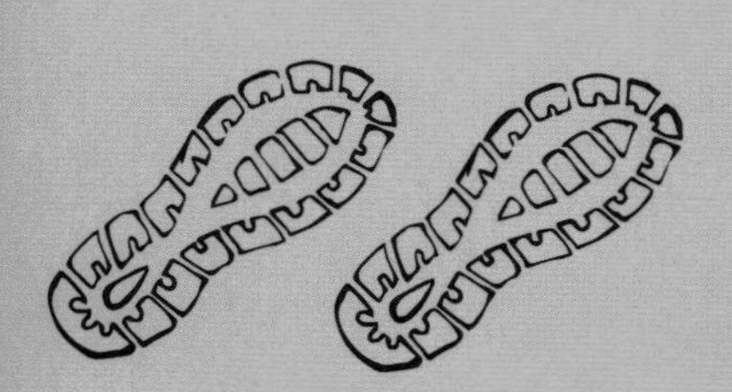

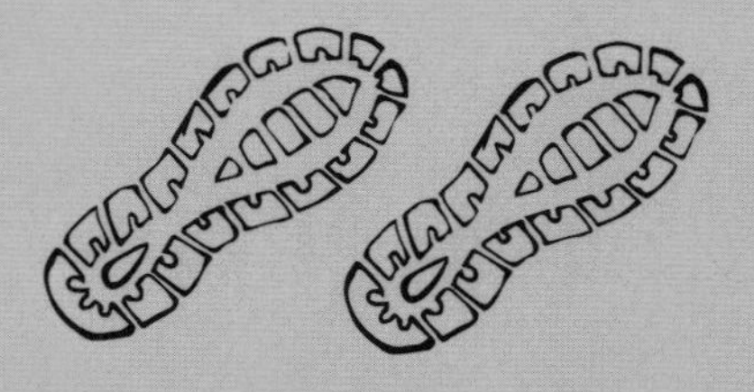

繽紛的色彩

看看你的四周，你見到幾多種顏色？顏色的種類有很多，只要你多觀察，就會看得到！選擇一種顏色作主題來單獨拍攝，是個能展示事物細微特徵的好方法。

看看以下的顏色，你可以在哪裏拍到這些顏色呢？請你寫下來。

找一找彩色原子筆、毛毯，或者食物，然後就讓這些富有色彩的東西填滿你的相機屏幕或觀景器。你要確保畫面對焦準確，也不要靠太近來拍攝。

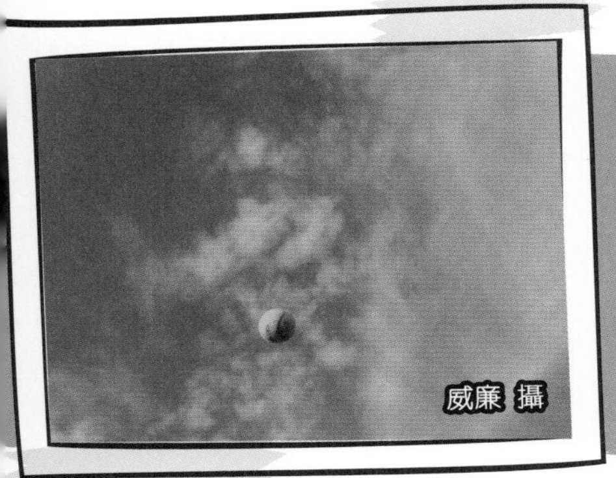
威廉 攝

藍藍天空是個色彩鮮豔的拍攝主題，拍攝者在照片裏添加了一個鮮黃色的球。你認為，是拍攝者自己把球拋起再拍照，還是請了朋友來幫忙呢？

秋天時，拍攝者在附近公園發現樹上的葉子都變成金黃色了。他沒有單單拍下一片葉子，而是把樹上所有葉子都拍下來。你覺得兩者的效果會有什麼不同呢？

哈蒂 攝

夏洛特 攝

拍攝者發現了一些切開的番茄，就將它們堆疊在碗裏，放到窗子旁。這樣，相機畫面就填滿了紅色！想一想這張照片的主題會是番茄，還是紅色呢？

精彩的動作

燈光、鏡頭都準備就緒，開始拍攝！在拍攝人或主體的動作時，你就是在捕捉連串動作中的其中一個影像。拍攝人物動態照片，的確可以讓你樂在其中！

用相機來拍攝動作時，你要看看相機裏有沒有提供動作或運動模式：

開啟這些模式後，相機的快門就會快速開啟和合上。這樣就可以停住動作，把動作清楚的拍下來。

要好好拍攝動作照片，就得看準時機。做動作前的一、兩秒，你就要開始拍攝。你也可以請朋友在聽到「3」時才跳起（就是數1，2，3！），而你得在數到「2」時就開始拍照！

森美 攝

拍攝者拍下了朋友正在打籃球的模樣。看，他能夠拍下半空中的籃球呢！

艾美莉亞 攝

嘗試跟這位拍攝者那樣，伏下來拍照。那麼，你的朋友在跳起時，就會顯得很巨大！

森美 攝

長按快門按鈕5到10秒，就可以拍攝多張照片，這有助你捕捉所有動作！看看這幾張小男孩跳起來的照片吧！

你想挑戰一下，拍攝以下列出的所有動作嗎？

- 拋到半空的球
- 散落空中的樹葉
- 跑步
- 旋轉
- 跳舞

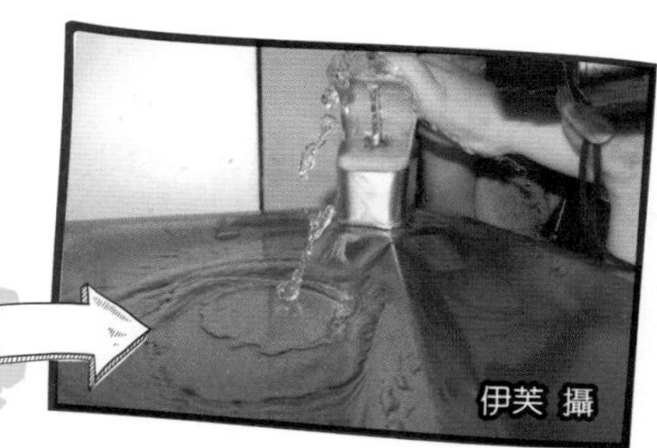

流淌的水

伊芙 攝

跳躍

潔邁瑪 攝

甩動頭髮

菲比 攝

記住，要長按快門5秒，也要數1，2，3！

低角度拍攝

試試當一天螞蟻！意思是，凡是螞蟻能爬過的地方，你都得拍下照片。要是我們不在自己的視線水平拍攝，而是另一個不同的視覺來拍，照片就會更富趣味。你會使這個世界變成一個截然不同的地方！

嘗試在日常生活中，發掘更多與別不同的角度吧！拍出來的照片就會越新奇有趣。你可以把相機拿高、拿低、往右、往左來拍攝，還可以在室內沿着地板拍攝一路上的情景、往上又可以沿着牆壁、順着櫃枱拍攝。來把相機想像成一隻旅行中的螞蟻吧！拍下來的世界將會不一樣！

布里拉 攝

當你把相機放在樹的底部來拍攝，樹就像是通往雲上的階梯！

丹丹 攝

當你直接把相機放在草堆裏拍攝，草堆就變得像個樹林！

想像一下自己就像螞蟻，會向上爬，也會向下爬，會到處走來走去遊歷！你可能在尋找鮮豔的顏色，然後近距離拍攝一下！又或是把相機放在欄杆上，就好像一隻在爬欄杆的螞蟻！記住，要跳出思維的框框，才能拍出別出心裁的照片。

當你改變自己的視角，或是改變拍攝角度，就會拍出不一樣的世界！來看看下面的幾張照片，你知道相機是從哪個角度拍攝的嗎？請你試着寫下來吧！

鏡頭在哪裏？

秘訣！

如果你有相機，就要選用近拍模式 🌷 來拍下「蟻照」。

莉莉 攝

魯柏特 攝

美寶 攝

井字構圖法

井字構圖法能幫助你好好思考照片的構圖。你看着相機取景器或手機屏幕時，想像一下畫面上有一個「井」字。要把拍攝主體放在「井」字四個筆劃的交叉點。

你看到拍攝者把花朵放在畫面的頂部嗎？他還把相機上下倒轉來拍照呢！

如果你喜歡拍攝風景或壯闊景色，就要想想地平線該放在哪裏。地平線就是地面跟天空相連之處，要嘗試把地平線置於「井」字的其中一條橫劃上。

秘訣！

不要把地平線放在照片中央。

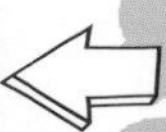

看看這照片，拍攝者把地平線放在「井」字的第一條橫劃上。

簡單來說，運用井字構圖法就是不要把主體放在照片中央。下次拍照時，試運用這個方法，看看你的照片會有什麼改變！

尋找線條

線條有直的、橫的，也有斜的！照片裏的線條能引領觀賞者的目光在影像裏游走。線條就好像箭頭，把你希望別人留意的地方指出來。

這張照片拍下了葉子上的葉脈。你看到這些線條怎樣引領你看到葉子中央嗎？

克洛伊 攝

艾薩克 攝

拍攝者把相機放在哪裏了？在運用線條方面，他真的很有創意呢！

這些圓圈構成了一個圖案，也框住了中間的黃色。你看這張照片拍的是什麼呢？

賽巴斯 攝

不要忘記線條是拍攝的主體，因此你要靠近一點拍，使相機的畫面能把線條框在畫面裏。

你能看出每張照片用了怎樣的線條嗎？請把它們畫在方格內。

微距怎樣拍

靠近一點點，你可以把圍繞你身邊的小東西拍攝出來。你可以炫耀一下你心愛的鈕扣的精緻之處，又或是到附近公園拍下片片花瓣。近拍或微距拍攝可以把體積細小的東西放大。

看看這些照片，小小攝影師們走近拍攝了什麼呢？

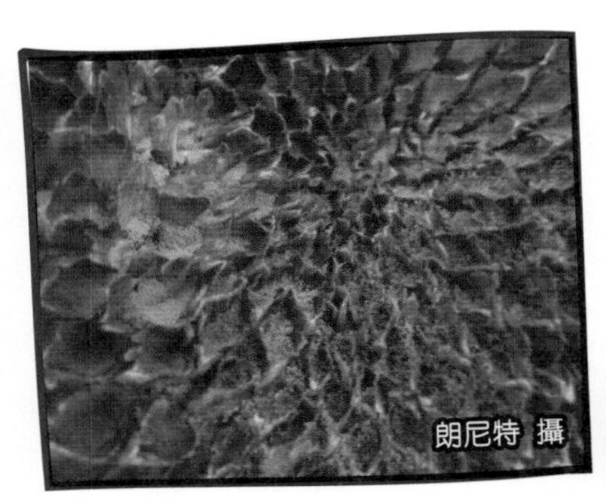
朗尼特 攝

1 ____________

2 ____________

艾瑪 攝

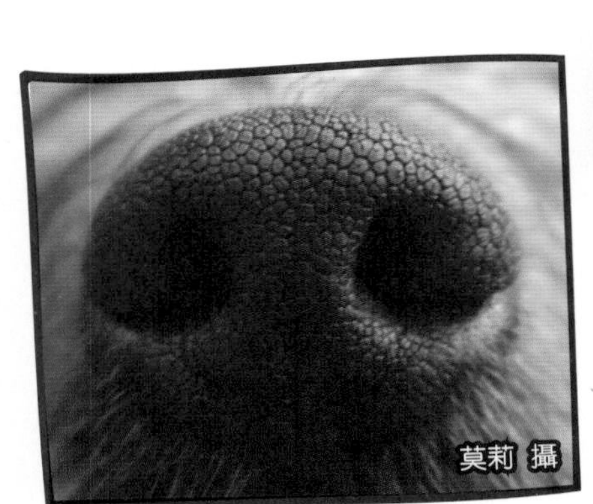
莫莉 攝

3 ____________

答案：1.樹的種子、2.玩具風車、3.狗的鼻子在拍攝時，我們要留意在靠近主體之餘，同時要使相機或手機的對焦方框置於拍攝主體上。這有一定的難度。

如果你使用相機，就要看看相機有沒有提供近拍或微距模式  ，這些拍攝模式有助近距離拍攝。

如果你用的是手機，就只要點一點出現於畫面上的主體，點出對焦方框，便可以讓影像由模糊變得清晰。

秘訣！

首先，你要用你的雙腳邁步走近主體，然後才使用放大功能。如果你能親身靠近，嘗試不同的角度和方式，照片就會拍得較好看。

愛瑪 攝

拍攝者將相機靠近花朵中央，把圓形部分框在畫面裏，然後使用對焦功能。

薛夫 攝

拍攝者伏在地上，親身靠近葉子把它拍下來，你猜猜那些紅點是什麼呢？

你想試試用微距拍照嗎？事不宜遲，動身吧！

小昆蟲怎樣拍

拍攝小昆蟲，必定樂無窮！你可以由移動速度較慢的昆蟲拍起，像是蚯蚓和蝸牛，然後才拍攝移動較快的昆蟲，例如蜜蜂、蜻蜓和蝴蝶。

如果你在陰處、樹木或大石底看到慢慢移動的昆蟲，像是蚯蚓和蝸牛，也許需要用上閃光燈。

至於移動較快的昆蟲，例如蝴蝶、蜜蜂、蜻蜓，你在拍照時就得要快速地把牠們攝入鏡頭，同時你需使用放大功能去拍小昆蟲，那麼你便不用走得太近，令牠們受驚。

秘訣！

當你要拍攝正在移動的小昆蟲時，記得長按快門按鈕至少5秒，這樣，相機或手機便會連續拍下多張照片，就像你拍攝動作鏡頭一樣。

積奇 攝

拍攝者把相機放在蝸牛前面，捕捉牠的動態！

積克 攝

拍攝者用了相機的動作模式來拍下這隻茴魚蝴蝶，拍得相當銳利呢！

相機內的動作模式 有助你拍攝小昆蟲。設定動作模式後，快門就會快速開啟和閉上，這樣，你就可以捕捉小昆蟲的動作了。

當你拍好照片後，可以找找這些昆蟲屬於什麼品種，然後在照片上標示出來。

答案：1.瓢蟲的幼蟲、2.蝸牛、3.草蜢

有趣的影子

影子隨處可見，是很好的拍攝主體。拍攝影子趣味十足，你會看到不一樣的世界。任何東西也能做出有趣的影子，影子也會因不同時間而有所變化。

你試過拍攝日常事物的影子嗎？好像是街燈、單車，甚至是你的小狗。如果你只拍下影子，不把影子的本體攝入鏡頭，那你的照片就會像個猜謎遊戲，更富趣味！

伊莉洛 攝

試試拍下你在半空時的影子！你可以像相中人那樣雙腳離地嗎？

愛倫娜 攝

試用一個圍欄或窗子來框住你的影子，就像這張照片那樣。

從這些照片，你看到相中人是怎樣拿着相機來拍攝的嗎？試試把相機豎起來拿，這樣，你就能拍攝到自己的整個身影了。

當太陽沒高掛在天空的時候，像是大清早或黃昏時分，拍下的影子會顯得長一點、抽象一點。試試在這些時間去散步，看看你能拍攝到多少個不同的影子。

影子也可以用來創作有趣的故事。猜猜下面的照片發生了什麼事。

海倫 攝

艾倫娜 攝

姬碧愛拉 攝

現在就到外邊去，用圍繞在你身邊的影子來創作自己的故事！

多變的圖案

圖案由重複的設計或圖形組成。拍攝圖案就是能捕捉這個世界的趣味之處。你身邊有沒有什麼圖案？嘗試檢查一下地板或窗子，你看到重複的線條或圖形嗎？

想想你可以怎樣拍攝這些圖案。你可以從高處往下拍，也可以把相機直接放在圖案上面來拍。

排列整齊的大廈、車子和樹木也可以組成圖案，不光是那些漂亮細緻的圖案才值得拍下來。

秘訣！

看看你的衣服和頭髮！你也可以從中找到很好的圖案！

艾莉 攝

這張照片拍出一種橙黃色的圖案。這個圖案是否似曾相識？

這張照片的拍攝者爬到公園的其中一種設施下面，然後往上拍照！

尼姆 攝

當你發掘到不同事物的圖案，就代表你已具有拍攝好照片所需的眼光了。這時候，你會發覺凡你看見的東西，都好像有圖案和形像。請你試把下面所述的圖案畫出來。

由四塊長方形玻璃組成的窗	木欄杆
五個蘋果	琴鍵
辮子	樓梯

框內有框

當你看着觀景器或屏幕時，就是把拍攝主體框起來。把主體框起來很有用，這樣，其他人就知道照片的重點了。

想令照片更富趣味？你不妨試試在構圖時，把相中景物框在另一個框內，例如欄杆上的洞、窗子，甚至是樹杈之間。

拍攝者把相機放在一個圓錐筒的底部，然後把圓錐筒的另一尖端指向朋友的腳，尖端盡頭的圓形小洞就框着朋友的腳了，看，那個框子是紅色的！

伊蓮 攝

拍攝這張照片時，拍攝者就是用樹杈之間的空隙把公園框起來。

洛絲 攝

可以用來框景物的框並不難找，你家附近的公園也會有。試試走到足球場，透過球門格網，把景物框起來拍攝。此外，攀爬架和大水管都可以當相框用。

開始時，先從紙上剪出一個框，然後把它放在相機前面，用來框住拍攝主體。

秘訣！

要確保對焦方框或對焦點對準拍攝主體，而不是落在框子之上。

你能在這些照片中找到框子嗎？把它們圈起來。

拍攝家居

拍攝你自己的居所，就最能夠捕捉到你日常生活的點滴。人人的生活都不一樣，把照片給你的親友看看，他們就會知道你平日是怎樣生活的了。

你最喜歡坐在哪處？你喜歡在哪裏吃早餐？去把這些地方拍下來吧！拍攝方式由你決定。你可以把相機放在早餐上方來拍攝，就像巨人往下望？還是會把相機放在桌上，就像螞蟻那樣盯着早餐？

愛美說 攝

拍攝者拍下沙發上他最喜歡的地方。猜猜他是在什麼地方拍這張照片呢？

弗里特 攝

這張照片是拍攝者從家裏往外拍。

拍下你的家，表達你對家的想法，這會使照片與眾不同、獨一無二。把照片給你的親友看看吧！讓他們知道，你眼中的家是怎樣的。

列出家裏你最喜愛的5件物品，然後把它們拍下來！

1 ________________

2 ________________

3 ________________

4 ________________

5 ________________

這裏有些提議……

盧克 攝

秘訣！

如果你身在昏暗的房間，就要使用閃光燈，或是待陽光多一點時才拍攝！

以撒 攝

占美 攝

拍出質感

質感是指物體表面給人的感覺，可以是柔軟、粗糙、平滑等等。我們看到的所有事物都具有質感。

找找哪張照片是……

- 柔軟
- 平滑
- 堅硬
- 多刺
- 濕潤
- 乾燥
- 光亮
- 暗沉
- 黏糊

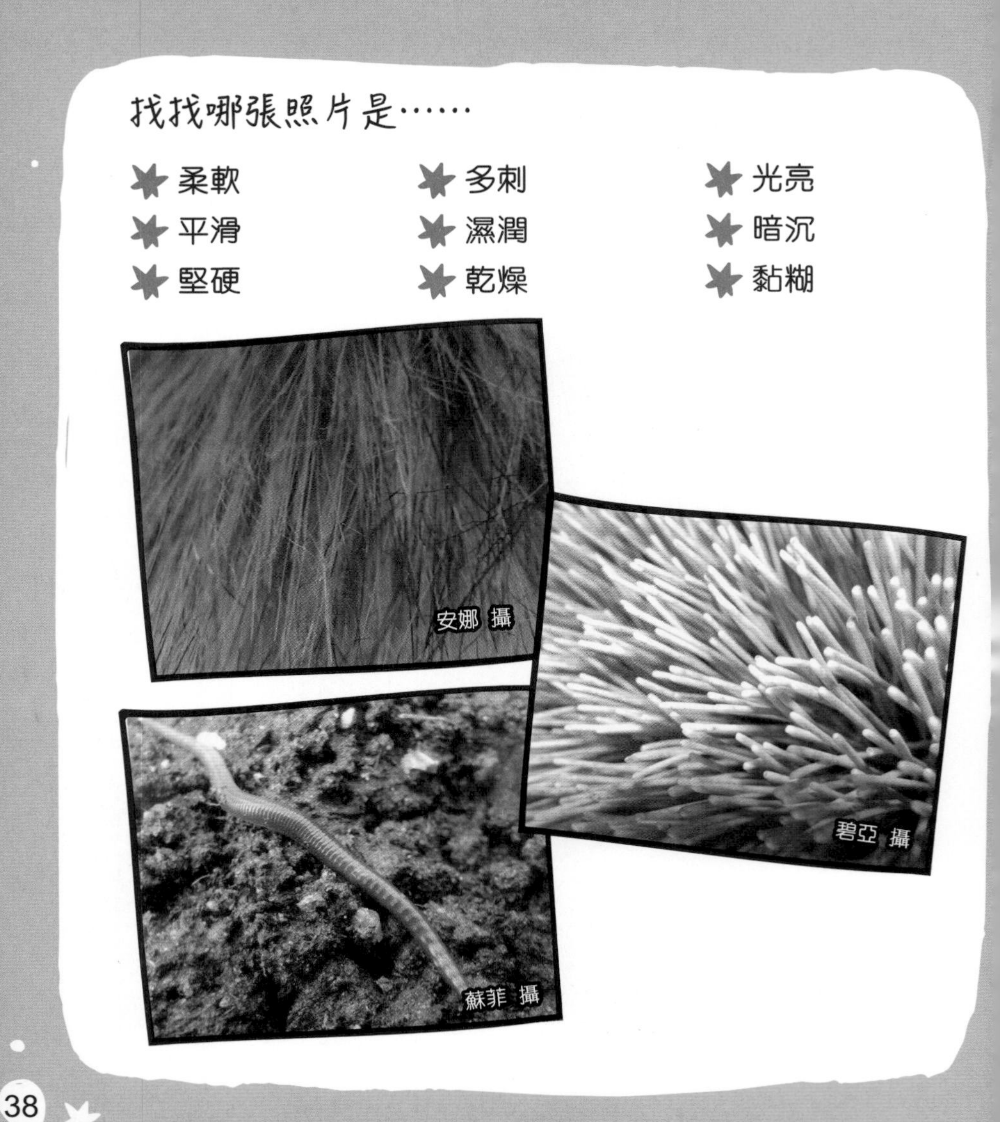

安娜 攝

碧亞 攝

蘇菲 攝

看看四周，你見到窗子嗎？你會怎樣形容窗子的質感？也許是光亮或平滑吧。你怎樣才能捕捉到窗子的光亮感呢？試試開啟閃光燈，這會使窗子顯得光亮！

何不讓某種質感填滿整個畫面，使它成為照片的重點？你看到這兩個小小攝影師都用了某種質感來填滿整個畫面嗎？

尊尼 攝

這張照片裏，盡是平滑的石頭。你認為他的相機跟石頭靠多近？

這張照片拍下了鋒利的起絨草。哎喲，真的很鋒利啊！

弗格斯 攝

秘訣！

要記住，相機的對焦點或方框要落在物件的質感上，這樣，你才會拍出非常銳利的照片！

現在就到外面拍攝不同的質感吧！

黑白與懷舊感

當你看到黑白照片時，會有什麼感覺呢？你覺得它看起來很舊嗎？還是覺得它充滿劇情？世界上第一張照片攝於1826年，那是一張黑白照片。

黑白攝影有助呈現照片的細微部分。因為少了其他顏色，我們的注意力就會較集中。

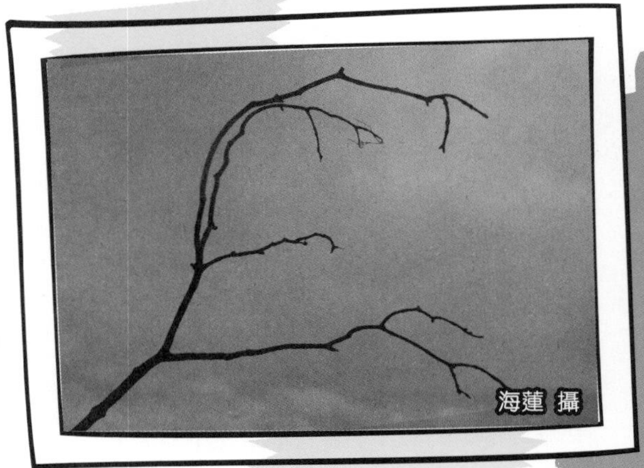
海蓮 攝

有時候，我們要多花一點時間，才能明白黑白照片的內容。這張照片拍的是爪，還是樹枝呢？由你來決定！

黑白影像經得起時間考驗，也時常令觀賞者多想想照片是什麼時候拍攝的。你能把相機設定為黑白模式，拍些看起來很舊的照片嗎？

秘訣！

你可以在拍完照片後，才把影像轉換成黑白色。

請圈出你較喜歡的照片。是彩色的還是黑白的？

艾歷斯 攝

妮娜 攝

瑪花 攝

用照片說故事

你可以用一張或是多張照片來講故事！用照片講故事很有創意，可是，你需要預早計劃，拍攝前就要想想自己將會拍什麼照片。

這張照片拍出一個謎團。你猜到謎底嗎？提示：看看男孩的腳！

蘇菲 攝

如果你只打算拍一張照片，就要盡量拍下主體的細微之處，而且越多越好。另外，你也要想想事物該放在什麼位置。

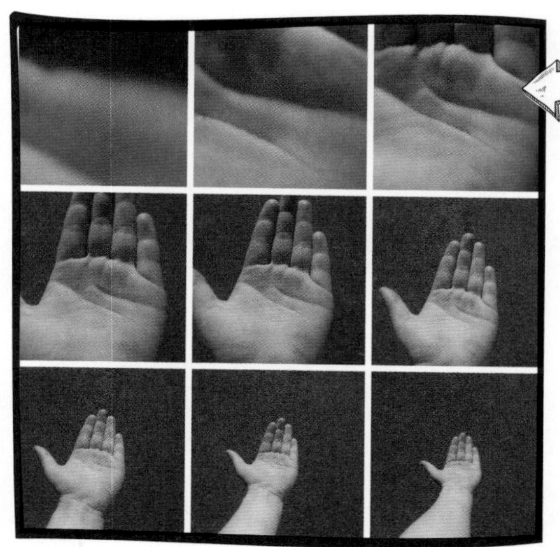
積克 攝

這小朋友的手由鏡頭往外移，他把這組動作拍成九張照片，簡單又有趣！

秘訣！

試着把照片沖印出來，將你的故事製成一本書！

計劃故事分鏡

你的故事需要多少個鏡頭，就先在紙上畫下多少個框。開始時，你可以先畫六個框。然後，寫下或畫出每張照片的內容。這樣，你就不會漏拍某個鏡頭了！

故事點子

- 關於花朵（也許都掉了花瓣的？）
- 關於蘋果（給吃掉了嗎？）
- 關於你的朋友（他是否又跑又跳？）

現在就請你在這裏計劃你的故事，畫下你的分鏡。

拍攝肖像

拍攝人像有助我們多認識被拍者。拍攝人像照片，或是拍攝肩膀以上的部分，都能夠展示被拍者的迷人微笑、燦爛笑容或是明亮眼睛。

如果你用的是相機，就要開啟肖像模式。肖像模式會把拍攝主體的背景模糊起來，有時候，還需要開啟閃光燈。

愛美莉 攝

被拍的對象不一定要時刻望着鏡頭。這位女孩被拍時，她正在爬樹！

這位小朋友使用了黑白模式，把焦點集中在他的笑容上！

森美 攝

秘訣！

試着把相機豎着拿，這樣就能把拍攝主體好好地置於框架內。

試把這些形容詞跟照片配對起來。說說你的答案。

現在，請你問問你的朋友或家人，可否為他們拍張人像照片！你可以把照片沖印出來，當作禮物送給他們。

答案：① 快樂；② 傻氣；③ 驚訝

捉迷藏遊戲

你試過在鏡頭前玩捉迷藏嗎？邀請一位朋友一起玩，或是使用計時器 ⏲，開始計時，然後把自己藏起來！

1. 尋找一個藏身之處（室內或室外）。
2. 請你的朋友躲在那裏（或是你自己躲起來）。要確保你仍能看到他們的腳或頭的一小部分，他們也不能完全躲起來。
3. 拍下照片！

伊蓮 攝

拍攝者把相機向上傾斜，這樣就把他的朋友整個給藏起來，除了那隻手！

占美 攝

你找到照片中的朋友嗎？拍攝者利用很多層東西來把他的朋友藏起來……繼續找吧！

秘訣！

嘗試拍攝黑白照，這樣就更難找出藏起來的人！

用相機玩捉迷藏真有趣啊！現在就發揮創意，善用你在鏡頭看到的細微之處，盡力提高每張照片的「尋人」難度！

你能在照片找出藏起來的人嗎？找到的話，就把他們圈出來！

佛羅倫斯 攝

伊莉亞娜 攝

以撒 攝

春夏秋冬

一年四季也很適合攝影。現在是什麼季節呢？試試捕捉當季最精彩的時刻！

拍攝者手握樹枝，以藍天為背景，拍下秋葉的顏色。看，這個秋日多美麗啊！

艾莉 攝

開始時，不妨找一找四季各自的特色。

- **春天：**你可以展示花朵、植物的生長嗎？先拍下花蕾，再拍下它盛開或長大了的模樣！
- **夏天：**你能表明夏天有多和暖嗎？你可以把寵物在水中玩耍，或是朋友在做戶外運動的情景拍下來。
- **秋天：**你能夠捕捉葉子顏色的變化嗎？找一棵樹，每天給它拍個照，看看樹木怎樣由綠色變成金黃色，再變成啡色。
- **冬天：**你能反映出冬天有多冷嗎？把冰塊、白雪和寒冷的冬日上午拍下來吧！

埃維 攝

這張照片拍下一位小朋友的冬帽上那個小絨球。冬天真的來臨了！

請你把這些照片所屬的季節寫出來。

艾倫娜 攝

1

絲佳娜 攝

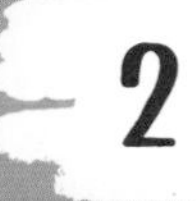

2

亞齊 攝

3

答案：1.冬天、2.夏天、3.春天

自拍樂趣多

現在流行自拍，也流行自己動手拍個人照。自拍時，你越笑得燦爛、越拍得有趣，效果就越好！來看看怎樣拍出令你叫好的自拍照吧！

第一個技巧是，握住相機時，相機跟你的臉孔要保持一個手臂的距離。要把相機轉過來，使鏡頭對着自己，也要確保你的手指放在快門按鈕上面。盡量拍下不同的表情：難過、開心、疲累、憤怒和傻氣！

這孩子為自己拍了一張照片，可是，他的身體上下倒轉了！他是怎樣辦到的呢？

安東 攝

秘訣！

自拍時，不一定每次也要拍到自己的臉。你可以試試拍自己雙腳，然後在另一張照片裏，拍下自己雙手。

接着，你可以開啟自動計時器⏲，好使你雙手能自由活動！這下子，你可以在相機面前跑跳，也可以旋轉，多點展現自己吧！

海利 攝

看，這男孩把相機安放在野餐桌上，開啟計時器，然後高高跳起！這個表情多棒啊！他也跳得很好呢！

秘訣！

要抓準時間。通常相機會給你10秒去預備！

來自拍一下！拍出你最美麗、最有型的一面！你可以拍下：

- 你雙眼
- 你的拇指
- 你的頭髮
- 你的臉
- 你的微笑
- 你的全身
- 你的膝蓋
- 你的雙腳
- 旋轉的動作
- 跳躍的動作

樹木的變化

拍攝樹木並不困難，除非風真的很大，不然樹木是不會動的！

首先，要嘗試拍下整棵樹。你可能要站得遠遠的，才能把樹的頂部和底部都拍下來。此外，你也要以肖像模式（豎着）去拿相機！

接着，要捕捉樹木的細微之處，例如樹葉、樹皮和樹枝。記住要靠近一點，或是使用放大功能，使細微之處成為照片的重點。

你看到拍攝者是怎樣把樹木框起來，置於影像的中央嗎？這突出了層次感！

艾莉 攝

在一年四季裏，樹木的顏色、葉子和整體外形也會有所變化。試試用一年的時間，為同一棵樹拍照吧！看看它有什麼改變。

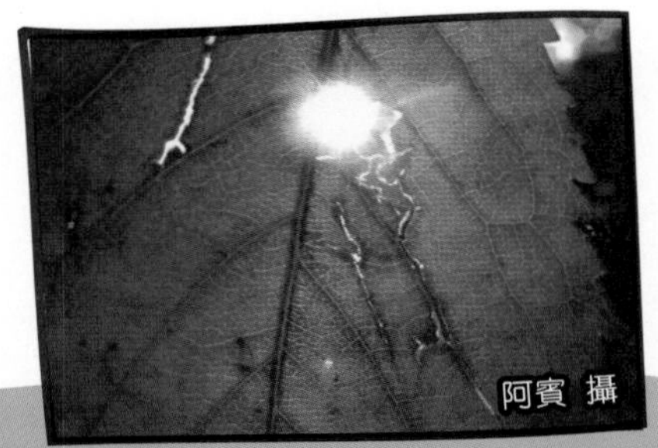

阿賓 攝

看，這照片不但拍攝了一片紅葉，還拍下了陽光從葉子透出來。

秘訣！

如果你用相機來拍攝，就要開啟風景模式。這樣，整棵樹就能準確對焦了。

更多關於拍攝樹木的方法……

近鏡

泰奧 攝

向上拍攝

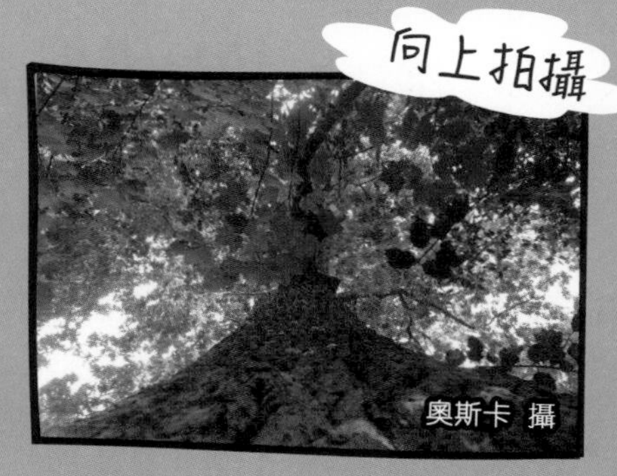

奧斯卡 攝

請你在下面畫一棵樹，然後把你認為可以拍攝到的樹木部分標示出來！

指出五感

五種感官指的是視覺、嗅覺、聽覺、味覺和觸覺，我們經常運用這五種感官來認識世界。你能說出各種感官需要用到身體哪個部位嗎？

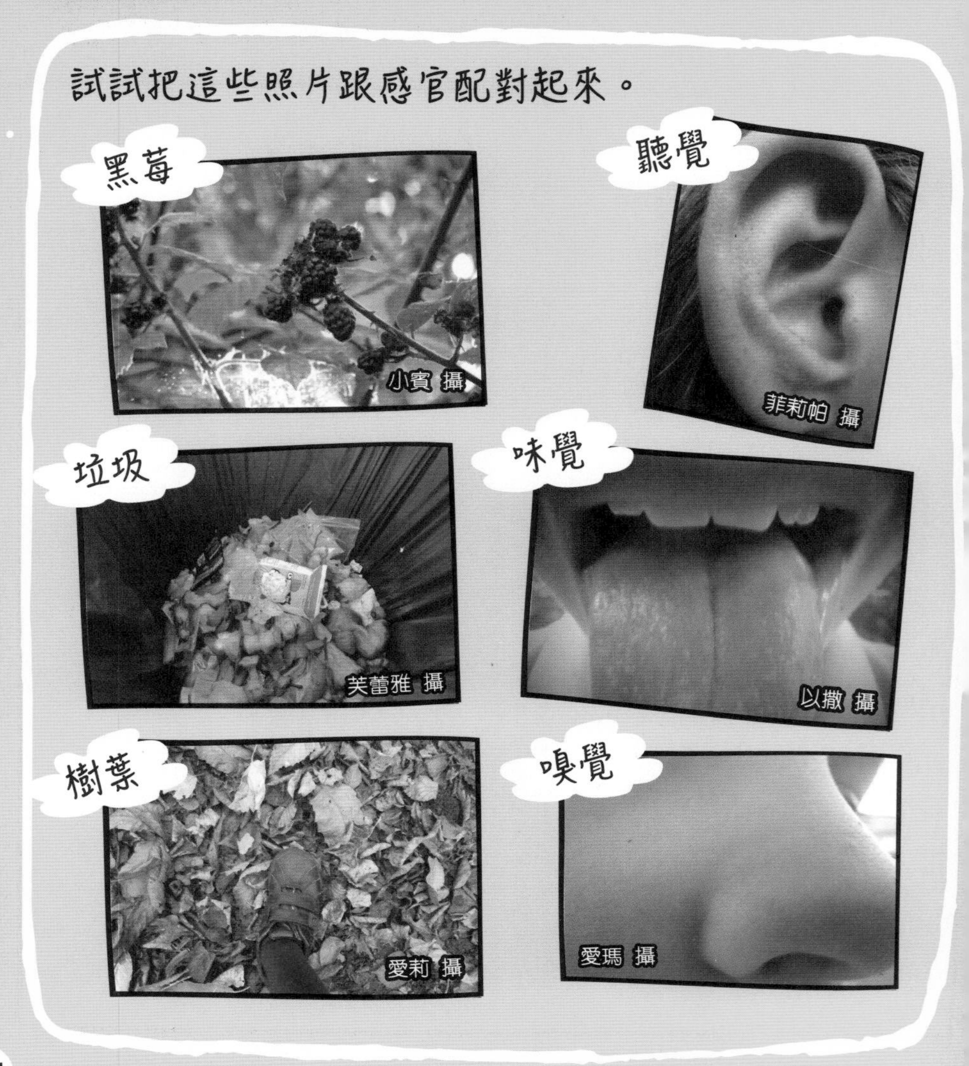

答案：黑莓—味覺（舌頭）；垃圾—嗅覺（鼻子）；樹葉—聽覺（耳朵）

你可以拍些什麼來代表五種不同的感官呢？

想一想，你見到什麼？摸到什麼？哪些東西很好聞？哪些東西會發出聲音？哪些食物美味可口？想好了就到外面拍攝吧！

你聞過薰衣草嗎？試着把紫色的薰衣草拍下來，使自己能記住花朵的迷人香氣。

菲比亞 攝

瑪花 攝

你也可以拍下朋友的眼睛，用來代表視覺。

你最喜歡哪種感官？你喜歡聞到食物嗎？喜歡的話，你下次到廚房或麪包店時，不妨發揮創意，為食物拍些照片。如果你喜歡的是視覺，就拍下你喜歡看到的東西，例如窗外的景色。

拍出英文字母

這些照片分開了左右兩邊，左邊的照片拍出外形像某個英文字母的東西，右邊的是一些名稱以該英文字母為開首的物件。你能說出這些英文字母和物件是什麼嗎？

英文字母：______________

物件：______________

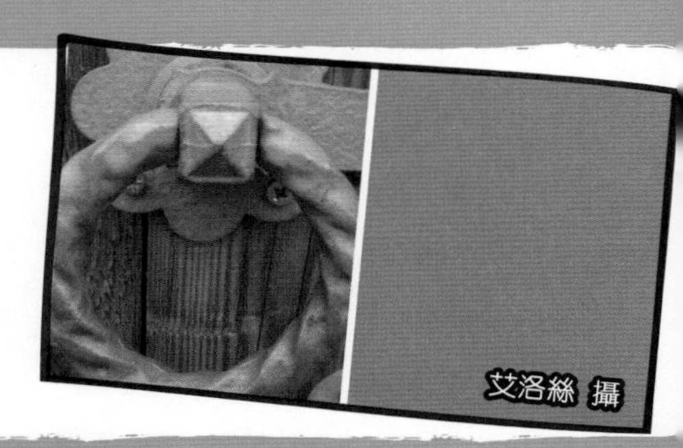
艾洛絲 攝

艾琳 攝

英文字母：______________

物件：______________

英文字母：______________

物件：______________

托馬西娜 攝

答案：O-橙色 (orange)；H - 頭髮 (hair)；D - 門 (door)

到處也可以找到英文字母！物件的外表不一定要跟字母一模一樣，只要能大約認出是某個字母，你就可以拍下來！考考自己的眼力，找出英文字母來。

想一想「T」這個字母。它由兩個部分組成，窗子、地磚或磚頭都能見到它的蹤影。你看到了嗎？拍下來吧！

羅泊 攝

這是一張長凳，把相機豎着拿，然後你便可以照出一個「E」了！

加點創意，看看怎樣拿相機才能拍好英文字母。你也可以嘗試擴闊自己的想法，從大廈、街燈或天橋上拍出英文字母來。

艾活 攝

你看到嗎？這裏有一個小寫「i」啊！時鐘成了「i」的小圓點，人物的身體則是「i」的豎劃呢！

秘訣！

字母的背景要盡量保持簡單，這樣，別人才能容易認出是哪個字母。

當你把所有英文字母都拍下來，就可以把照片製作成禮物！你可以把各個字母列印出來，再串連成名字和問候語，然後製作一張特別的心意卡或海報。

拍出生命力

你試過給洋葱拍照嗎？拍過石頭、貝殼嗎？為自然事物拍照，或是拍攝靜物照片，有助我們留意一下日常生活物品的奇妙和細微之處，那就不會錯過了。

你需要打造一個小小攝影室，才能拍攝靜物照片。

首先，你需要一張布幕。方法有兩個：你可以運用兩張黑紙，一張放在物件下，另一張則放在物件背面。你也可以把一件深色的衣服或牀單當成黑布來用。

然後，你需要光線。要把攝影室設在窗邊，或是設在光線充足的房間裏。現在就去尋找你要拍的物件吧！

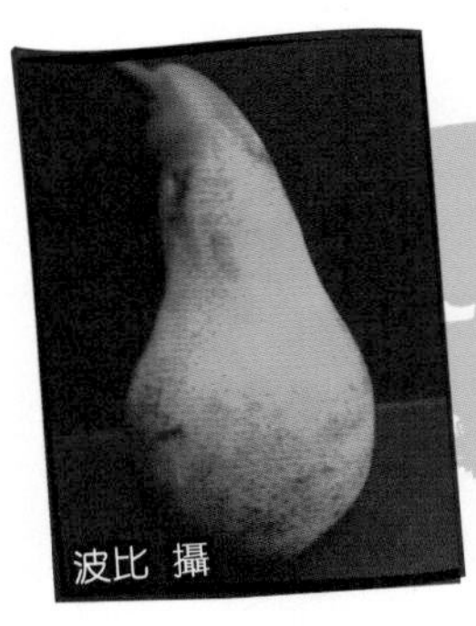
波比 攝

這張照片拍下了一個梨子，拍攝者捕捉了梨子的形態。而且在黑色背景的襯托下，這個梨子很突出。你覺得它的味道會跟外表一樣清甜嗎？

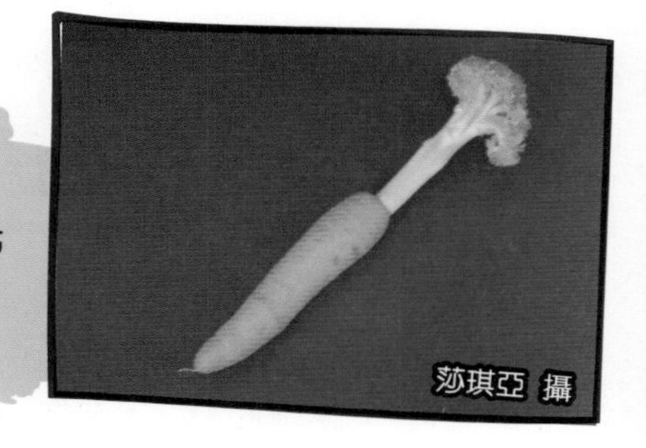
莎琪亞 攝

拍攝者站在攝影室的高處，然後往下拍，並用了閃光燈。這蔬菜看起來怎樣了？你覺得它新鮮嗎？

你可以發揮創意，把蔬果切成一半，然後拍出蔬果內裏是怎樣的。即使你在自己的攝影室拍攝，也能拍出好看、專業的照片。你不必讓人知道自己其實只用上幾張紙和一個蘿蔔呢！

你能猜得到這些靜物照片拍的是什麼東西嗎？猜完後，你就自己動手拍照吧！

秘訣！

拍攝時，如果你需要多一點光線，就開啟閃光燈 ϟ。

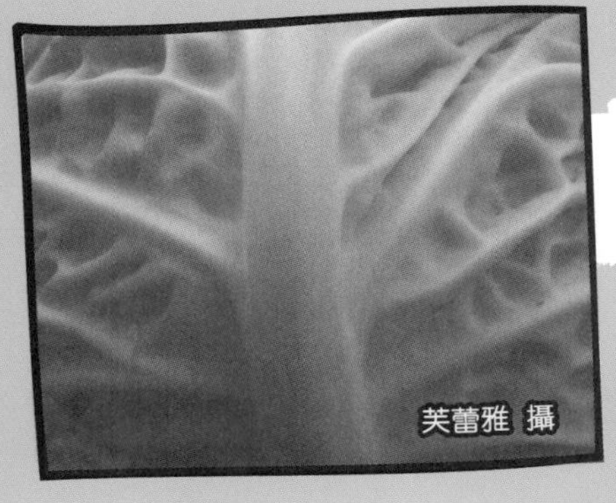
芙蕾雅 攝

1

2

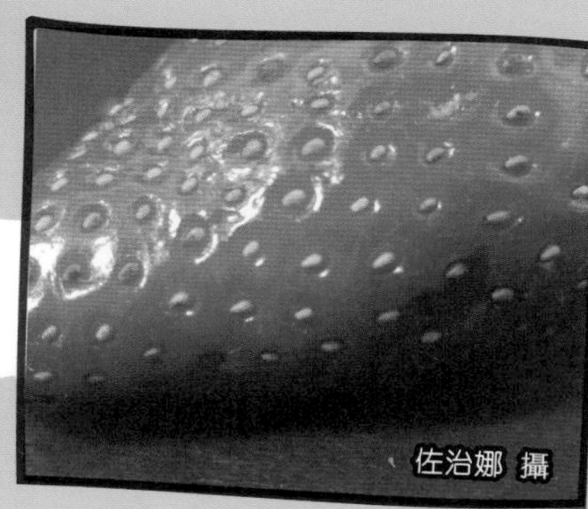
佐治娜 攝

露絲 攝

3

答案：1.椰菜、2.草莓、3.香蕉

處處是圖形

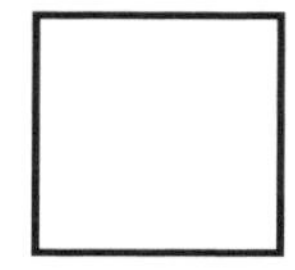

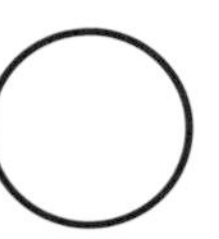

它們有什麼共同之處呢？

它們都是圖形！不論是一幢房子、大廈，甚至是這本書，每種東西身上也可以找到圖形！

找找長方形……例如電視機、電話、焗爐。你相機的觀景器能框住這些長方形嗎？

記得要把物件的四個面都拍下來。完成後，你就拍下了第一個圖形！

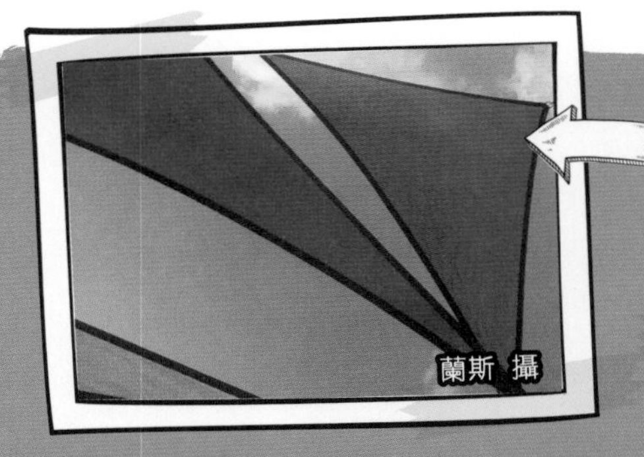

蘭斯 攝

這裏有一些三角形，拍攝者以蔚藍天為背景，把圖形拍下來。

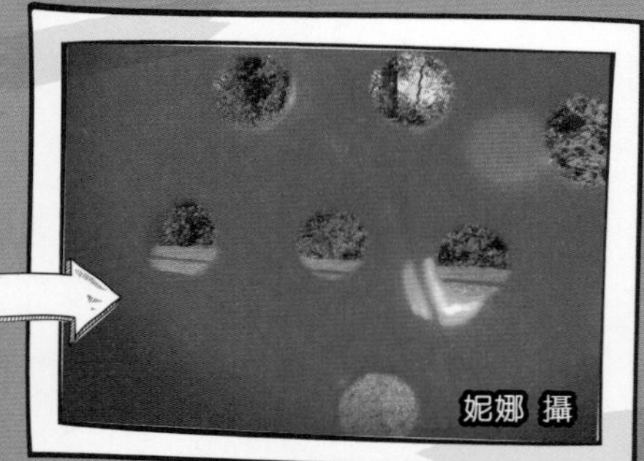

妮娜 攝

拍攝者把這些圓形都變做相框。猜猜他把什麼東西放在相機前，才會有那麼多圓形呢？

當你開始在四周發現這些圖形，你就可以發揮創意，想想怎樣在拍攝時用到這些圖形。你可以把景物放在圖形內，然後才拍攝，或是用圖形把拍攝主體框起來拍。

請寫下你從照片中看到的圖形。

1

____

____

2

____

____

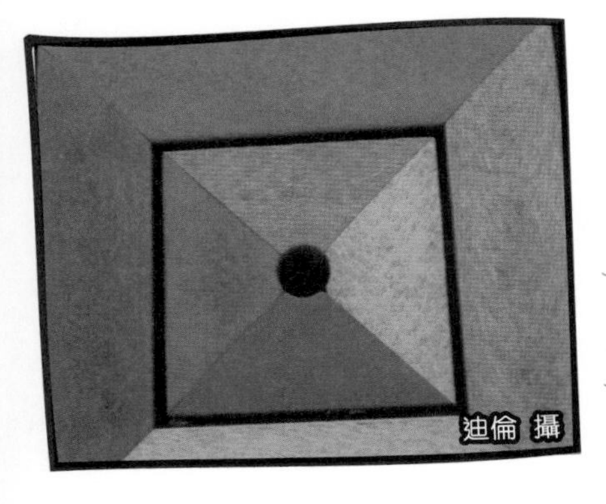

3

____

____

1.圓形的露珠；2.地上的星星圖案；3.遊樂場地墊上的三角形、圓形和正方形

以光作畫

你試過用手電筒來畫畫嗎？光繪攝影既有趣，又容易。

想一想，你喜歡畫什麼東西。在開始拍攝影前，先用手電筒練習一下。你可能要多試幾次，才能拍出心目中的照片，總之要不斷嘗試！

愛莉 攝

你需要的是：

1 一個黑暗的房間，或是待外頭變得黑漆漆為止。

2 一把手電筒，或是使用手機電筒。

3 手機或相機的計時器，或是請朋友幫你拍照。

4 如果你用相機，就要開啟煙花模式，或是把快門速度設定為10秒。至於手機，你就要下載一個能把快門速度慢下來的應用程式，然後把快門速度設定為10秒或更長時間。
現在，你可以站在相機前，把手電筒指向相機，開始用光來畫畫！

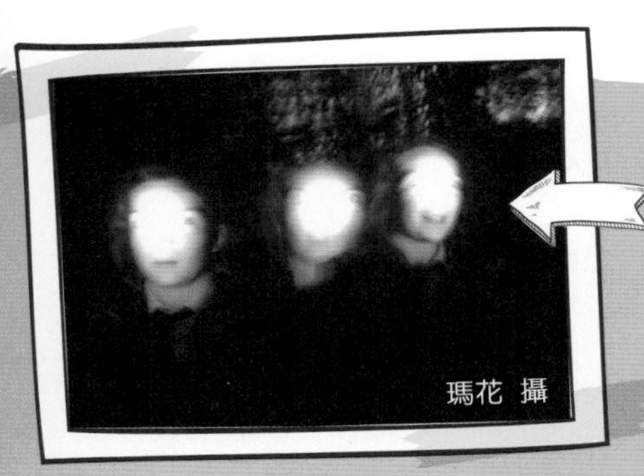

拍攝時這女孩使用分身術！她把手電筒指着自己一秒，然後關掉。踏一步，然後重複剛才的動作。

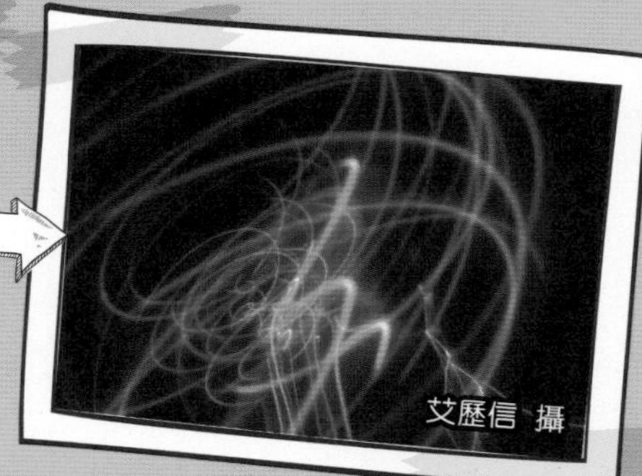

如果你把紅色包裝紙套在手電筒，光線就變成紅色了！

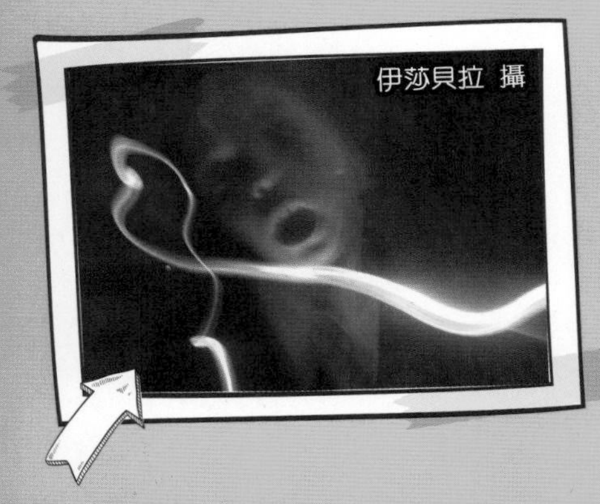

請你的朋友用手電筒往自己的臉照一秒，然後用光在臉附近畫畫，就會出現這張照片的效果了。

試試寫出「Hi」或是像這樣畫個笑臉吧！

秘訣！

把相機放在書桌或餐桌上，或是使用三腳架，照片就能拍得清楚，也能防止相機震動。

美妙的倒影

這些照片有什麼共同之處呢？

就是它們都有倒影！拍攝倒影是個有創意的攝影方法，能為影像增添層次感。有時候，倒影照片還能變成猜謎遊戲，可以用來給別人猜猜你拍的是什麼呢！

你在倒影裏看見什麼？

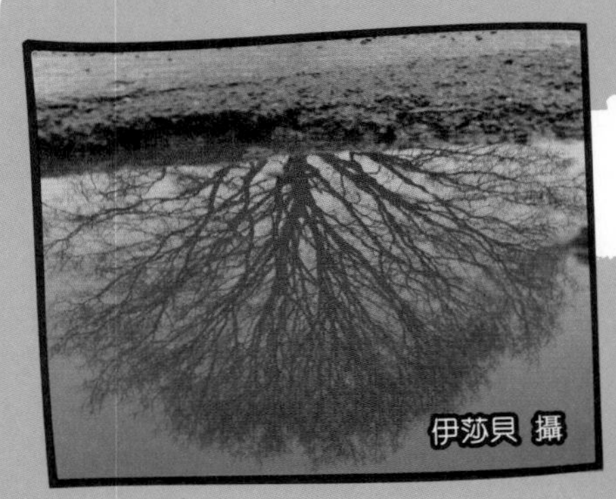

伊莎貝 攝

1

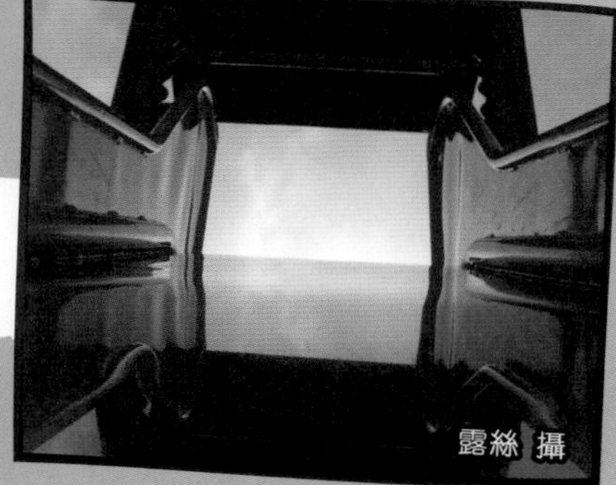

露絲 攝

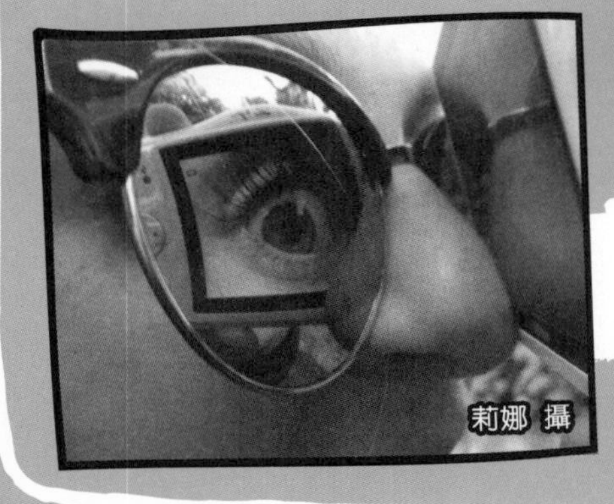

莉娜 攝

3

答案：1.樹木、2.滑梯、3.眼睛

試試只拍下一個倒影，然後看看倒影裏的細微部分。如果顏色會令人分心，就考慮拍攝黑白照片吧。

這是在花叢裏拍下相機的倒影。究竟花兒是在屋內，還是在相機附近呢？

如果你有面小鏡子，就把它拿到外面去，用它來照出不同的物件並框起來。

拍攝者把鏡子朝天拿着，照出天空的影像。然後，他在手心把天空拍下來了！

秘訣！

確保對焦點或方框要落在鏡子上。

當你外出散步時，看看自己能見到多少個倒影。反光和金屬物品往往能照出影像來，這些影像越難辨認，照片就會越有趣！

試試在這些地方找倒影：

★ 汽車倒後鏡　★ 水坑　★ 窗子　★ 不鏽鋼匙

記得也要把倒影拍下來啊！

運用閃光燈

要成為出色的攝影師，就必須好好運用光線。使用閃光燈就是讓強光一下子發放出來，好照亮鏡頭前的一切。

在相機或手機裏找出閃光燈 ϟ，然後把它開啟。

如果你身處在陰暗處或是室內，閃光燈就能使你拍的照片亮起來。

當使用了閃光燈之後，前景（照片的顯眼位置）的樹葉變得明亮，背景卻是暗沉。這樣拍攝出來的照片，就能營造出怪異的感覺了。

安東 攝

西門 攝

在樹陰下拍些蘑菇，由於拍攝者使用了閃光燈，蘑菇就會被照亮起來，我們可以清楚看到細微之處了。

在陰暗天拍攝一隻驢子，運用了閃光燈之後，就能捕捉到驢子的嘴巴在動。

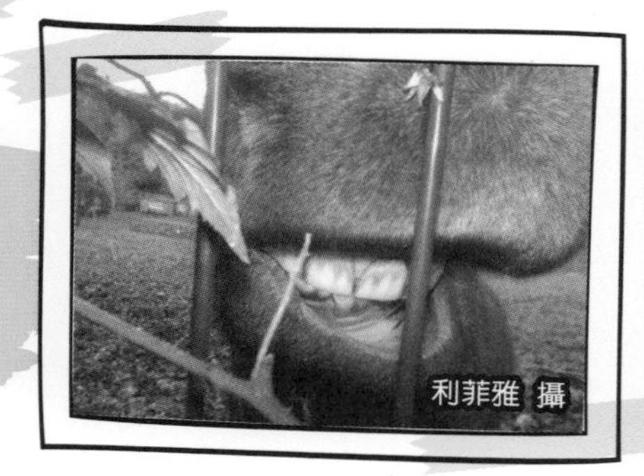

利菲雅 攝

秘訣！

在陰暗處或室內拍攝動作時，不妨使用閃光燈。閃光燈能凝結動作，使相機能把凝結瞬間的動作紀錄下來。

請你在使用了閃光燈的照片上畫個閃光燈符號。

① 潔邁瑪 攝

② 丹尼 攝

③ 愛德華 攝

答案：1.有閃光燈、2.有閃光燈、3.沒有閃光燈

替玩具拍照

來把你心愛的玩具準備好，拍些趣味十足的照片吧！

露比 攝

這張照片給我們的感覺是：熊貓和小熊在一起看風景，多麼悠閒啊！雖然它們是兩件動物布偶，但竟可以用一張照片來說故事，多麼有趣！

拍攝者把玩具恐龍靠近相機來放，然後自己走從距離恐龍三米的位置，抬頭看着來拍攝。這樣做就能使恐龍變大，巧妙地運用了視覺！

愛德華 攝

秘訣！

如果你想拍一些像玩具恐龍那種特別角度的照片，可以嘗試運用自動計時器 來拍攝，當你開始自動計時之後，可以走進鏡頭裏一起拍照呢！

請列出你心愛的玩具，想像一下它們喜歡做些什麼？然後到外面去，拍下你的玩具喜歡做的事情。

我的玩具是：________________________________

我的玩具喜歡做這些事：

1 ________________________________

2 ________________________________

3 ________________________________

4 ________________________________

5 ________________________________

你的玩具喜歡游泳嗎？

你的玩具會飛嗎？

你的玩具也會拍照嗎？!

模糊的效果

模糊效果是個創意十足的拍攝技巧，能使四周的景物變得截然不同。當你運用以下方法，使照片變得模糊，你拍的照片就能給人帶來驚喜。

使照片變得模糊的方法

1 **垂直模糊：**拍攝時，把相機快速上下移動。試試每次多拍幾張照片。

阿卡斯 攝

在拍攝這棵「秋天裏的樹」時，把相機上下移動。結果拍出來的影像就像一幅畫。

2 **漩渦散景：**找一棵樹，或是一座高的建築物，然後站在它底下，把相機向上仰着。然後你要看看四周，確保沒有東西會把你絆倒。接着，你就可以按下快門按鈕，一邊原地旋轉打圈一邊拍照。

看，拍攝者就是在這棵大樹底下旋轉，拍出了這樣的漩渦散景效果。

艾花 攝

3 模糊自拍：看看地上，確保沒有東西會把你絆倒，然後把鏡頭對着自己，雙手拿着相機，再原地旋轉打圈，同時看着鏡頭拍照！要是你需要把自己的臉照亮，就試試開啟閃光燈，但記得別直視閃光燈啊！

看這小男孩拍下自己在樹林裏旋轉。他快速旋轉，背景就模糊起來了！

阿賓 攝

秘訣！

開啟相機的自動模式，你可以拍出模糊影像。手機也能拍出類似的模糊效果。

你能夠……

- 快速地把相機從左移到右，從上面移到下面嗎？
- 多次上下移動相機嗎？
- 打圈旋轉，並且讓相機指向外面嗎？
- 一邊在旋轉，一邊自拍嗎？

你想運用哪種方法把照片模糊起來？你的照片又會有什麼效果呢？

充滿動感的水

拍攝水的方法有很多。如果你住在海邊，不妨給海浪拍照。要是正在下雨，你就可以把腳放在水坑踢踢水，然後拍個照！你還可以打開水龍頭，捕捉水流轉到水糟底的一刻。

傑森 攝

你可以請朋友在沙灘弄爆一個充滿水的氣球，然後拍下氣球爆開的瞬間！

蘇怡 攝

試試把杯子裝滿水，然後將水往外潑。水看起來很像冰啊！

你在做動作之前就要開始拍攝了啊！你也要一直長按快門按鈕，這樣才能把動作拍下來。

秘訣！

如果你使用相機，就要開啟運動或動作模式，這樣，你才能把水拍下來。如果你用的是手機，就要長按快門按鈕5秒，你便可以同時拍下多張照片。

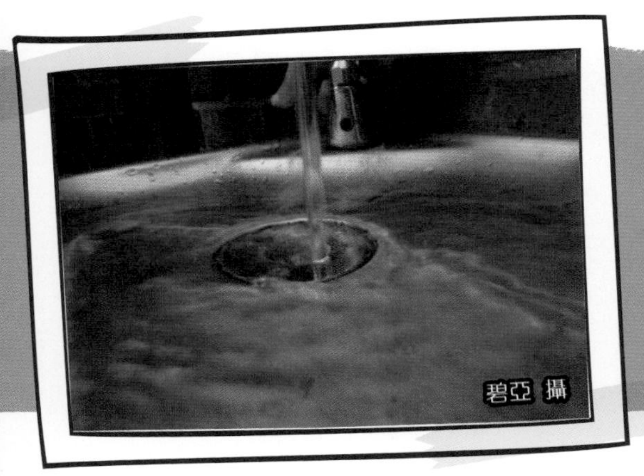

試着打開水龍頭，然後彎下身，捕捉當水流到排水管附近的瞬間，按下快門！

你能夠這樣拍一張關於水的照片嗎？

- 踩水坑
- 讓水從橡皮水管噴出來
- 把膠水樽注滿水，然後拿着水樽往外潑

秘訣！

拍攝時請記得不要讓相機沾到水啊！你也可以請朋友來幫忙。

風景寫真

當你見到「風景」二字時，會想到什麼呢？

你會想起廣闊的天空嗎？還是美妙的景色呢？

在家庭旅行或一天遊的時候，把壯闊的景色拍下來，能幫助我們記下美好回憶，又或是拍下自己居住的地方，記下生活的點滴。

這張照片運用了井字構圖法，使天空佔的位置比地面多。拍攝者還巧妙地運用兩旁的樹來做「相框」，這樣就能把人的目光放在影像中央。

蘇菲亞 攝

杜斯 攝

用人像模式（豎着）去拿相機，把樹拍下，成為相框。風景攝影師一般會用自然景物來做相框，你也可以這樣做呢！

拍攝風景照時，你可以：

- 運用井字構圖法（請看第22至23頁）
- 把相機豎着拿
- 在黃昏時拍攝
- 使用黑白模式

秘訣！

如果你在日出、日落時拍攝風景照，效果就會更好。陽光不但變成金黃色，影子也會長長的，這樣景色就會更迷人了！

你想拍下什麼景物？請你畫下來，然後嘗試外出拍下這些景物吧！

寵物真可愛

為寵物拍照是個有趣又好玩的挑戰。寵物會走動，也經常不服從指令，因此，多學一點拍攝技巧能幫助你拍出好照片。

要使用放大功能，靠近你的寵物，就像這張照片，拍下小貓的眼睛，還把它放在照片上方的位置。

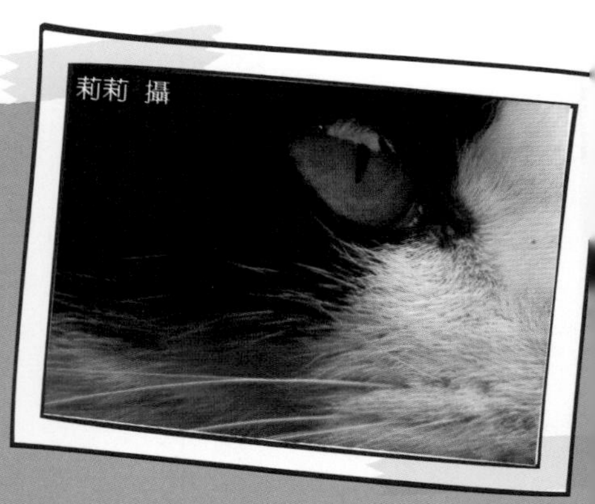
莉莉 攝

莉莉 攝

拍攝者坐在地上，這樣，他就能在跟小狗相同的視線水平拍照了。只要改變一下拍攝角度，你就能使照片更富趣味。你覺得小狗正在笑嗎？

秘訣！

拍攝寵物時，要開啟動作模式，因為你不知道牠們會在什麼時候走動。

如果你沒有養寵物，也可以給別人的寵物拍照。記得要先問准小動物的主人，然後才開始拍攝。

在下面寫下你寵物的名字，以及你喜歡牠的原因。如果你沒有養寵物，就想想一隻你認識的小動物，或是你夢想的寵物！

寵物的名字

我很喜歡牠，因為

1

2

3

請在此處畫下你的寵物！

現在，請把你喜歡這隻寵物的原因，通過照片表達出來吧！希望你拍得開心！

一分為三的照片

這些物件都被分成三部分來拍攝，而照片也給弄亂了。你能把照片正確地排序起來嗎？說說看。

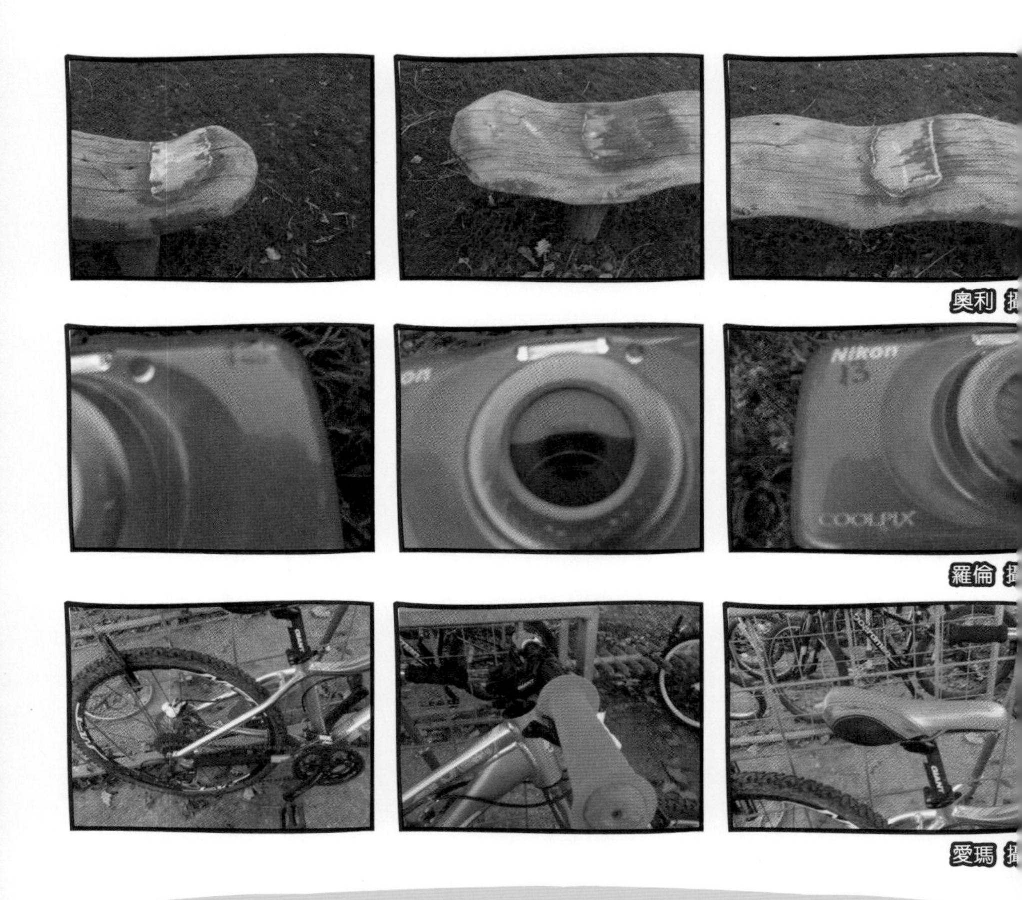

奧利 攝

羅倫 攝

愛瑪 攝

你認為自己能把心愛的玩具或景色分成三張照片來拍嗎？你可以計劃一下，事情就會變得容易一點。

1 首先，要找出你想拍的是什麼。

2 打開手機或相機來看着物件（或風景），想想可以怎樣一分為三。

3 拍三張照片，要盡量使每張照片的邊界能夠連在一起。

絲絲 攝

威廉 攝

秘訣！

要盡量跟拍攝主體保持至少兩個手臂的距離，好確保你能分成三張照片來拍。

這張照片中的小朋友被分成三部分來拍攝。完美捕捉了相中人拍照的姿態！

如果照片的邊界不能完美地連在一起，你也不用太擔心，因為影像整體來說會變得抽象一點，而且獨一無二。集中精神，找找哪些地方或物件能拆開來拍，你甚至可以試試一分為二或一分為四呢！

有趣的臉孔

這些照片有什麼共同的、特別的地方呢？

蒂莉 攝

伊維 攝

亞齊 攝

答案是：每張照片都像呈現出一個臉孔呢！你看到嗎？

你可以在身邊找一找有趣的臉孔！例如：電燈開關掣，大部分都有兩顆螺絲，兩側各有一顆，合起來就像兩隻眼睛加一個鼻子了；或是看看插座，並把相機上下倒轉。現在，你也看到兩隻眼睛加一個鼻子嗎？

這張照片拍下了兩盞燈和一根扶手欄杆。你看到拍攝者怎樣把相機傾斜，好拍出一張臉孔嗎？

意洛絲 攝

拍攝時採用不同位置，能有助拍出較好的照片。你知道上面的小小攝影師是怎樣拿着相機，拍出這些照片來嗎？

請在每張照片中尋找臉孔。說說你看到什麼。

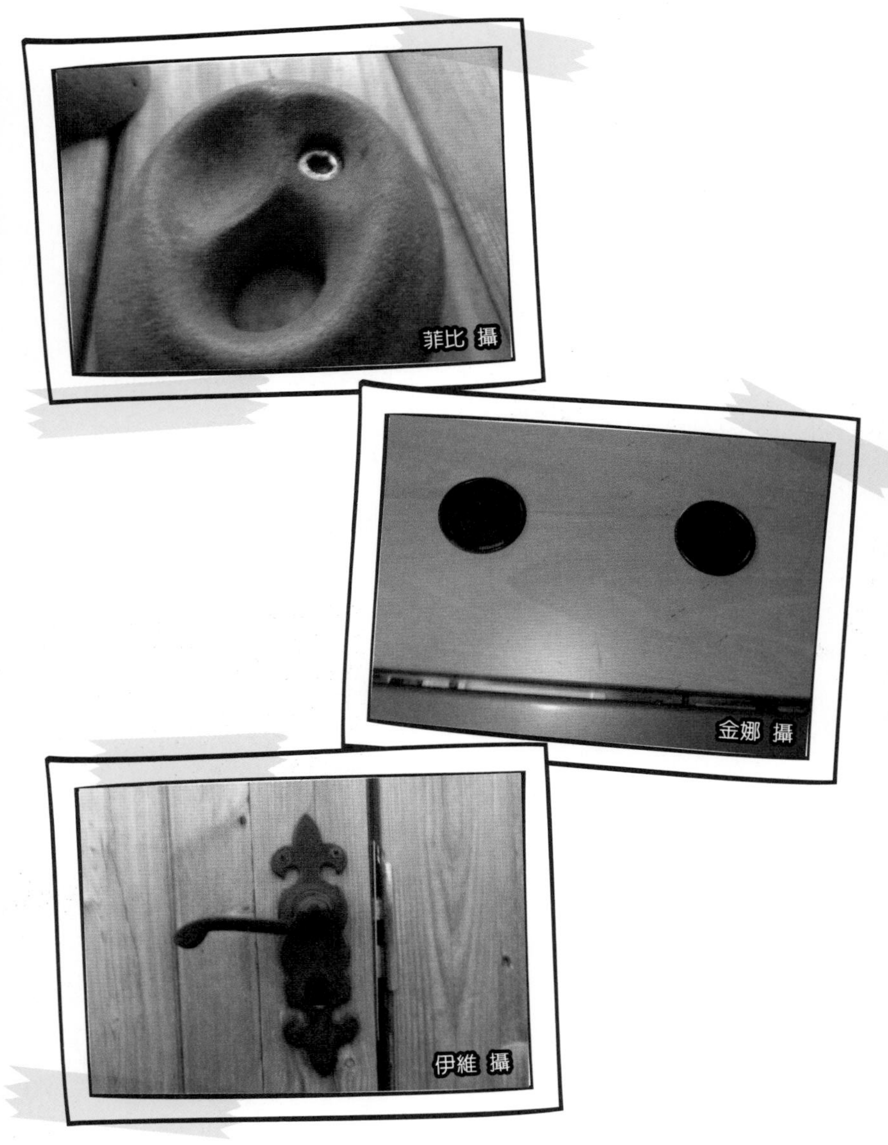

到你的家附近散散步，看看能找到和拍下多少張臉孔！

捕捉日落

當太陽在空中慢慢往下沉，就是拍攝風景的最佳時刻。天空填滿了顏色，建築物或樹木也會因太陽的亮光而構成剪影或是變得暗沉。這是奇妙大自然的一部分，每天也會發生。

要用鏡頭捕捉日落，你就先得找個寬闊空曠的地方，像是附近公園。

你可以嘗試運用了井字構圖法，把地平線置於影像的下方，使天空成為照片的主體，就像這張照片一樣。

要是在夕陽下拍攝某個物件、某座建築物或某個人，三者都會變得暗沉或構成剪影，而天空會是影像中最光亮的部分。你可以把暮色天空下的剪影視作拍攝的意外收獲。

這裏拍下了一棵樹，並以帶有色彩的天空作背景。太陽發出亮光，使樹成了剪影。日落時分的柔和顏色跟結實的樹枝互相輝映。

秘訣！

日落結束後，不妨多留二十分鐘，好待太陽沉到地平線下，你就可以捕捉「藍色時刻」。

嘗試把鏡頭往上對着天空，拍下在日落時分飛行中的鳥兒。背景沒有建築物或樹木，這使照片看上去夢幻無比、五彩繽紛。

現在就拍下屬於你的日落！

- 運用井字構圖法，好為日落加添層次感（要記住，你可以把地平線放在照片的上方或底部）。
- 試試拍攝日落的倒影，像是在水坑或店鋪的櫥窗。
- 別忘了雲朵！把鏡頭往上對着天空，嘗試捕捉蓬鬆的雲朵，很多時候，雲朵也會映照出令人驚歎的顏色！

你可以在這裏畫下日落，並填上顏色嗎？

終極挑戰

你喜歡挑戰嗎？來玩一個「終極拍攝大挑戰」的遊戲怎麼樣？你要是想玩的話，就要好好運用你的拍攝技巧。這是個有趣的遊戲，而你也來到真正受考驗的時刻！

秘訣！

記住，你的照片必須要拍得清晰，因此，拍攝時要確保光線充足、對焦方框放在拍攝主體上。

你能運用之前所學到的技巧來拍下這些照片嗎？

- 你的鞋底
- 英文字母「T」
- 黃色
- 自己的倒影
- 很臭的東西
- 自己的影子
- 平滑的東西
- 廣闊的天空
- 線條
- 會響鬧的東西
- 快樂
- 模糊影像
- 黑白照片
- 一隻眼睛
- 上下倒轉了的風景照
- 水花
- 大字型跳起

你能做到嗎？

- 讓一棵樹看上去很大
- 把拍攝主體框起來
- 拍攝飛行中的鳥兒

賓尼 攝

線條

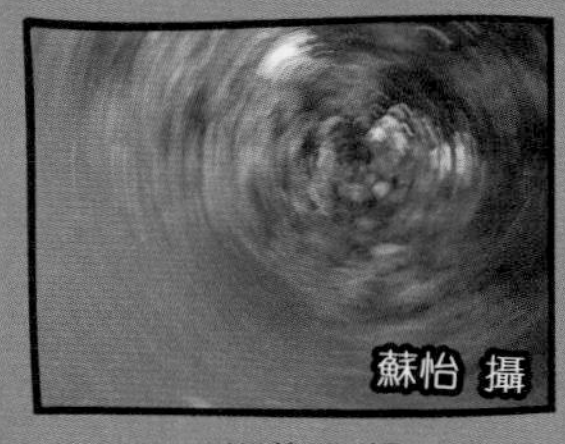
蘇怡 攝

模糊影像

米拉 攝

黃色

你已完成了各項挑戰嗎？現在就來增加難度！給自己寫下想拍攝的題材或運用的特定技巧。你可以邀請你的家人或朋友一起玩！

例： 用框內有框的技巧來拍攝黑白照片

1 ______

2 ______

3 ______

4 ______

5 ______

6 ______

7 ______

8 ______

9 ______

哈蒂 攝

黑白照片

丹尼 攝

拍攝昆蟲

伊維 攝

低角度拍攝

整理照片

你已拍下很多好照片，現在不妨花點時間，把照片看一遍，然後選出你最喜歡的。如果你是用電話拍照，就可以用電話來整理。如果你用的是相機，則可以把照片下載到電腦或手機，然後開始整理。

如果你要把下面其中一張照片放進「最喜歡的玩具」這個文件夾裏，你會選哪一張？

為每個你拍攝過的主題建立文件夾，例如「玩具」，然後把你喜歡的照片放進去。只建立兩、三個文件夾也是可以的。如果你建立了十個文件夾，那真好啊！

秘訣！

挑選你喜歡的照片時，請想想：

- 這張照片對焦準確嗎？
- 這是拍得最好的例子嗎？
- 這張照片拍得有創意嗎？

你可以選出一些自己最愛的照片，建立一個「我最愛的照片」文件夾，然後你可以隨時打開這些文件夾，觀賞和整理這些照片。

至於剩下來的照片，你可以為每個主題多建立幾個文件夾，分類並按自己的喜好命名，例如：「交通玩具」、「動物玩具」。

如果你為本書的所有主題都建立了文件夾，你就擁有一個龐大的照片資料庫了。當你想製作日曆、心意卡和其他印刷品時，這些照片就能派上用場了。

來吧！現在就開始整理！

修改照片

修圖是個好方法，能為照片增添畫龍點睛的效果。你可以善用電腦修圖軟件，或是電話修圖應用程式，務求使照片變得完美。

在修改照片時，你可以把照片調亮調暗、或裁剪或使拍攝主體放大一點，甚至是改變照片本身的顏色。修改照片的方法有很多種！你可以研究一下各種修圖功能，看看哪個功能會使照片最好看。

開始時，你可以使用簡單或基本的修圖軟件，先了解多些修圖工具和方法。

3個修圖方法

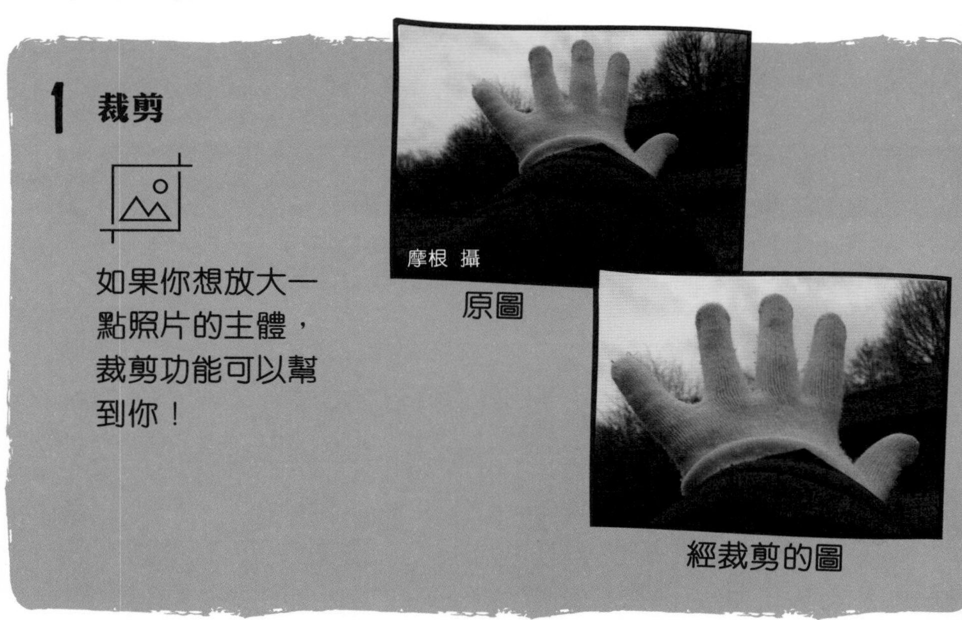

1 裁剪

如果你想放大一點照片的主體，裁剪功能可以幫到你！

原圖

經裁剪的圖

2 光暗度

要是你的照片需要多點燈光，就試試調節光暗度。要慢慢移動工具或滑桿，看看圖像會怎樣調亮或變暗。

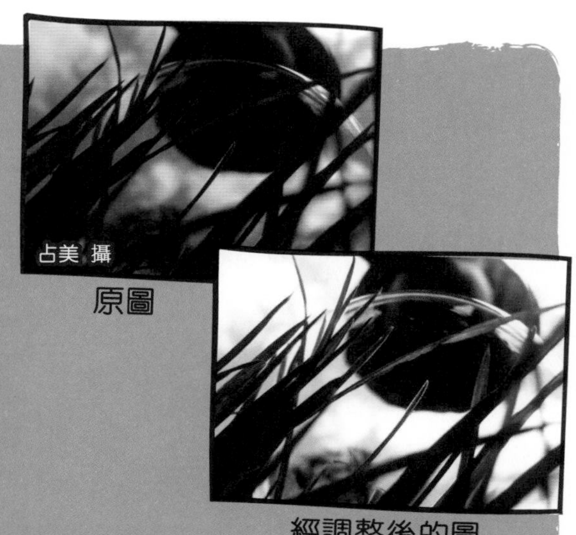

原圖

經調整後的圖

3 飽和度

如果你想調整照片色彩的鮮亮度，就試試調節照片的飽和度。

原圖

經調整後的圖

現在，你來試試修圖了！

找一張需要裁剪的照片，然後試一試！

有沒有哪張照片太亮了？利用調節光暗度的工具，使照片變得暗一點。

找一張你最喜歡的彩色照片，然後使照片的顏色變得飽和。現在，照片變成怎樣了？色彩會變得更鮮嗎？

打印照片

把你拍下的出色照片列印出來，你就可以展示給別人，讓他們看看你的作品了。

打印照片的方法有很多種。

1

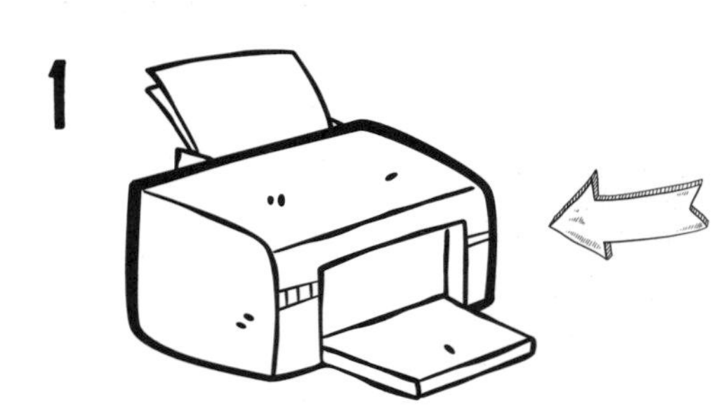

你可以使用家用打印機把照片印出來。

2 你可以把圖像上傳到網上沖曬店，請對方把圖像沖印出來後寄給你。

3 你可以親身去到沖印照片的專門店，只需等一會兒，照片就會沖印好了。

如果你在家中打印照片，就要使用相紙。相紙能使照片的顏色突出，也能使影像顯得清晰。相紙的種類有很多，常用的有兩種：光面（有光澤的）和啞面（無光澤的）。一般而言，光面相紙很適合打印顏色鮮豔的照片，啞面相紙則適合列印黑白照片，但你可以視乎你的喜好。

你希望照片尺寸有多大呢？4x6吋(4R)、5x7吋(5R)、8x10吋(8R)還是8x12吋(A4)？想想你展示照片的位置有多大，你就能決定該打印什麼尺寸的照片了。

4x6吋

4x6吋像個長方形，大部分的照片也可以用這個尺寸來沖印。

8x10吋像個正方形。有時候，這個尺寸會把影像兩旁的細微部分裁走。

8x10吋

比較紙張大小

1. 準備一張A4紙、一把間尺和一枝鉛筆。
2. 在紙中央畫出4x6吋的尺寸。標示4x6吋。
3. 現在，圍着4x6吋的尺寸，畫出5x7吋的尺寸。標示5x7吋。
4. 圍着之前畫的兩個長方形，畫出8x10吋的尺寸。標示8x10吋。

秘訣！

使用A4紙，這樣，你就知道各個照片尺寸有多大了。這有助你決定該用什麼尺寸把照片打印出來。準備開始打印吧！

動手創作

你已經把心愛的照片打印出來了嗎？現在就可以動手製作一些有趣的禮物。

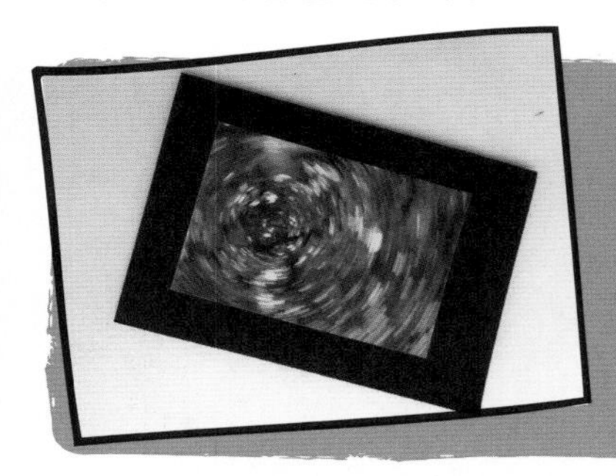

試試把尺寸較小的照片製成心意卡。預備一張A4卡紙，把它對摺，然後把照片貼在卡面。在卡底寫下你的名字或簽名！因為這張心意卡是出自你的手啊！

4x6吋的照片很適合用來製作明信片。拿出箱頭筆，照片翻過來就是空白的一面，在中間劃一條直線。現在，你可以在左方寫點東西給你的朋友，在右邊寫下對方的地址。然後你可以選擇把它寄出，記得要貼郵票啊！

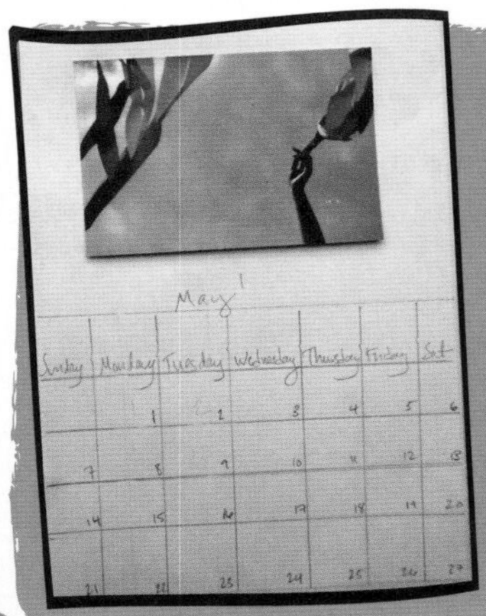

至於尺寸大一點的照片，可以用來製成日曆。如果你用A4紙，就選5x7吋的照片；如果你用A3紙，就選8x10吋的照片吧。把照片貼在紙的上方，然後在下方畫出月份。想想每個月份適合跟哪張照片放在一起。例如，把色彩鮮豔的照片跟春季月份配在一起，黑白照片則很適合放在冬季月份呢！

你能想到其他有創意的點子嗎？例如大型拼貼畫、有趣的自拍系列又怎樣呢？

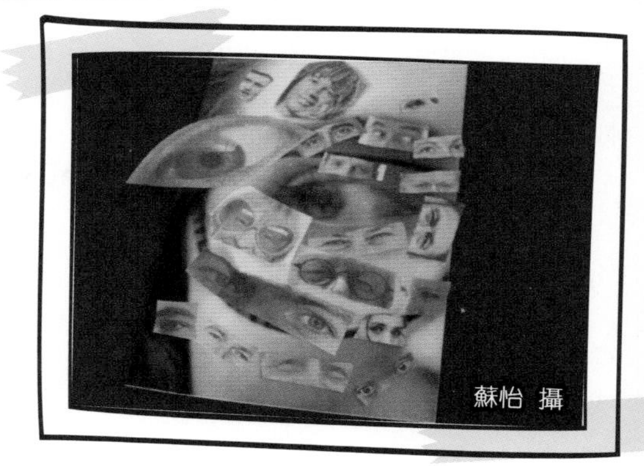
蘇怡 攝

你可以把你的創意點子寫下來。

1 ____________________
2 ____________________
3 ____________________
4 ____________________
5 ____________________

現在準備開始動手製作吧！

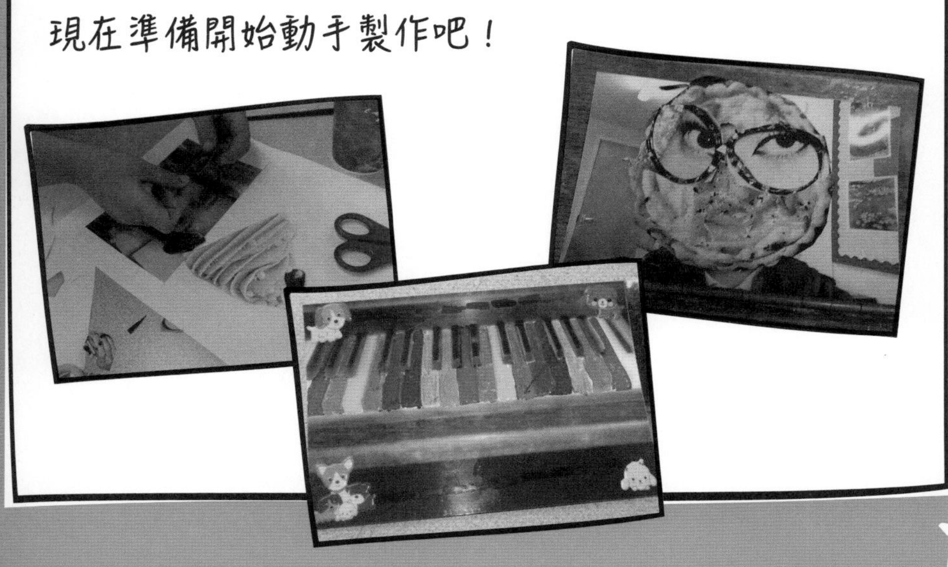

分享照片

跟別人分享照片，你的朋友和家人就知道你學會新技藝了！沖印出來的照片、照片心意卡、日曆和明信片也可以成為很特別的生日或聖誕禮物。就算是平日，你也可以送禮給別人。

你可以想想朋友、家人喜歡什麼東西，然後把度身訂造的照片送給他們。要是你的朋友很喜歡小昆蟲，可以考慮製作一個貼滿昆蟲照片的日曆！或是好好運用你拍下來的英文字母，把朋友的名字拼出來，製成生日禮物。

以撒 攝

你也可以藉着電郵、信息，把照片發給別人看。請大人幫忙一下。從「我的最愛」文件夾選出一張照片，然後連同短信，一起發給朋友或家人。

泰迪 攝

秘訣！

每天也跟一個住得較遠的朋友或家人分享一張照片，這樣，你不但能跟他們保持聯繫，也能交流拍攝技巧！

艾美莉雅 攝

選出三位對你特別重要的朋友或家人，寫下他們的名字、喜歡的東西和你打算跟他們分享的照片。

名字　　喜歡的東西　　打算分享的照片

1

2

3

創意實習班

你做得到！拍出非凡的照片

作　　者：莉莉安・史拜比（Lillian Spibey）
翻　　譯：何思維
責任編輯：趙慧雅
美術設計：鄭雅玲
出　　版：新雅文化事業有限公司
香港英皇道499號北角工業大廈18樓
電話：（852）2138 7998
傳真：（852）2597 4003
網址：http://www.sunya.com.hk
電郵：marketing@sunya.com.hk
發　　行：香港聯合書刊物流有限公司
香港荃灣德士古道220-248號荃灣工業中心16樓
電話：（852）2150 2100
傳真：（852）2407 3062
電郵：info@suplogistics.com.hk
印　　刷：中華商務彩色印刷有限公司
香港新界大埔汀麗路36號
版　　次：二〇二一年一月初版

ISBN : 978-962-08-7643-1
Original Title: YOU CAN take amazing photos

18/F, North Point Industrial Building, 499 King's Road, Hong Kong
Published in Hong Kong
Printed in China